JN296030

「測って」理解する／「創って」理解する／「モデルで」理解する

生命システムを どう理解するか

細胞から脳機能・
進化にせまる融合科学

浅島 誠 ［編集］

共立出版

執筆者 (執筆順)

浅島　　誠（序章，第5章，対談）
　　　東京大学大学院総合文化研究科　広域科学専攻　生命環境科学系　教授
　　　（2007年4月から東京大学副学長・理事）

菅原　　正（第1章，対談）
　　　東京大学大学院総合文化研究科　広域科学専攻　相関基礎科学系　教授

鈴木　健太郎（第1章）
　　　東京大学大学院総合文化研究科　広域科学専攻　相関基礎科学系（21世紀COE支援研究員）

陶山　　明（第2章）
　　　東京大学大学院総合文化研究科　広域科学専攻　生命環境科学系　教授

村田　昌之（第3章）
　　　東京大学大学院総合文化研究科　広域科学専攻　生命環境科学系　教授

安田　賢二（第4章）
　　　東京大学大学院総合文化研究科　広域科学専攻　生命環境科学系　助教授
　　　（2006年4月から東京医科歯科大学　生体材料工学研究所　教授）

岡林　浩嗣（第5章）
　　　東京大学大学院総合文化研究科　広域科学専攻　生命環境科学系（科学技術振興機構 ICORP 器官再生プロジェクト　研究員）

嶋田　正和（第6章，対談）
　　　東京大学大学院総合文化研究科　広域科学専攻　広域システム科学系　教授

深津　武馬（第6章）
　　　（独）産業技術総合研究所　生物機能工学研究部門　生物共生相互作用研究グループ　研究グループ長

金子　邦彦（第7章）
　　　東京大学大学院総合文化研究科　広域科学専攻　相関基礎科学系　教授

石浦　章一（第8章）
　　　東京大学大学院総合文化研究科　広域科学専攻　生命環境科学系　教授

川戸　　佳（第9章）
　　　東京大学大学院総合文化研究科　広域科学専攻　生命環境科学系　教授

酒井　邦嘉（第10章，対談）
　　　東京大学大学院総合文化研究科　広域科学専攻　相関基礎科学系　助教授

池上　高志（第11章，対談）
　　　東京大学大学院総合文化研究科　広域科学専攻　広域システム科学系　助教授

まえがき

　この百年の間に見られる自然科学の発展は著しく，その進歩は単に研究者のみならず，一般社会の人々にも大きな影響を与えてきた．その中で，自然科学は数学，物理，化学，生物へと細分化され，それぞれが大きな学問領域を形成するまでになった．しかし一方で，学問があまりに細分化されたため，一つの専門分野では解明できない課題が浮かび上がってきている．その一つに，生命とは何かという問いがある．東京大学大学院総合文化研究科広域科学専攻では，かねてから，生命システムの本質を自然科学の各分野を融合することで解明しようという気運が盛り上がっていた．このような研究の流れを飛躍的に推進させることを目指し，平成14年度〜18年度には文部科学省・日本学術振興会による21世紀COEプログラムに採用されるに至った．そのプロジェクトが「融合科学創成ステーション」である．この本は，「融合科学創成ステーション」で研究されてきた成果をもとに，自然科学に興味のある大学に入学したばかりの1〜2年生や一般の人々にも，融合科学による生命システムの研究の面白さを知ってもらいたいと考え，編纂したものである．

　自然科学の歴史を紐解くと，デカルトは1637年に著した『方法序説』で，世界を機械に喩え，「部品を一つずつ個別に分析した上で，最後に全体の大きな構成を見れば，世界をも理解できる」と述べた．つまり，物ごとの複雑な性質や振る舞いも，それを構成する要素に分解し，それらを深く理解することですべて理解できるはずだ，とするのが「還元主義」である．この考え方は，物質に係わる現象を対象とする物理学や化学においては，大変有効であった．特に，17〜20世紀にかけての，物理学や化学の急激な発展に大きく寄与し，分子，原子，さらには素粒子の発見へとつながった．これらの粒子の振る舞いを詳しく調べることで，自然界の深い理解がもたらされたのは，周知の事実である．

まえがき

　では，生命システムの振る舞いも，還元主義で解き明かされるだろうか？――答えは否である．社会から個体へ，細胞へ，さらには細胞内小器官へ，生体高分子へと細かく要素を分けていっても，「生命とは何か？」という問いに答えることはできないだろう．むしろ，要素間の関係に注目し，複数の要素を統合することで，上位の階層が示す「生命らしさ」を理解する手がかりが得られるのではないか．たとえば，膜分子の自己組織化を利用して中空の袋状の会合体（膜胞：ベシクル）を創り出し，その膜胞が自己複製するのを目の当たりにする瞬間，そこに「生命らしさ」が浮かび上がってくる．もう一つ例をあげよう．レーザーと光ピンセットを使ったマイクロファブリケーション技術により1細胞培養系の観測が可能となった．そこでは心臓細胞が個々に自ら末端を伸ばして連結し，ネットワークができ上がっている．繋がったすべての細胞の拍動が同調した瞬間，細胞集団から組織という上位の階層へと，階層を貫く原理が働いていることを実感できる．このように，下位の要素を組み合わせることで，上位の階層で「生命らしさ」を創発（エマージェンス）させるアプローチを，全体論（holism）という．――まさに，要素還元主義に対する正反対の思考である．

　私たちの21世紀COEプログラム『融合科学創成ステーション』では，数理・物理・化学・生物学といった自然科学の諸分野を連携・融合し，「創って，測って，モデルで理解する」という方法論を駆使することで，生命の謎に迫ってきた．融合科学は新しい科学であり，21世紀に相応しい挑戦的な学問である．融合科学を発展させてきた5年間の面白さを，この本の中から汲み取ってもらえれば幸いである．

2007年3月

『融合科学創成ステーション』を代表して

浅島　誠

目 次

序　章　生命システムを融合科学で理解する　　　1

 1　いま自然科学に何が求められているか　　　1
 2　なぜ融合科学か　　　2
 3　融合科学から見えてくるもの　　　2
 4　この本で伝えたいこと　　　3

第1部　細胞のダイナミズム

第1章　自己生産する人工細胞の形成──増えよ，集え，そして語り合え！　　　9

 1　繰り返し自己生産するジャイアントベシクルを創る　　　11
 2　DNA複製系を内包した人工細胞へ　　　14
 3　ジャイアントベシクルを人工組織へと構造化する　　　16

第2章　DNAでつくられたコンピュータ　　　21

 1　自己複製できるものは計算能力をもつ　　　22
 2　ウイルスの複製の仕組みからつくられたコンピュータ　　　24
 3　細胞内で働くコンピュータ　　　27
 4　ナノスケールの組み立て工場　　　29

第3章　細胞を試験管とした生体分子の機能分析──「見て」「操作する」そして「知る」　　　35

目次

    1 セミインタクト細胞系を使って細胞周期に依存したオルガネラの形態変化を再構成する　38

    2 セミインタクト細胞アッセイの基本スキーム　39

    3 セミインタクト細胞アッセイの今後　45

第4章　1細胞で全体の機能を見る――オンチップ・セロミクス計測　48

    1 オンチップ・セロミクス計測――細胞を出発点とする構成的/再構成的アプローチ　49

    2 解析のためのストラテジー　53

    3 オンチップ1細胞培養――心筋細胞のネットワークの拍動同期化ダイナミクス解析　58

第5章　器官形成研究の新たな展開　63

    1 多能性幹細胞を用いた生体外での器官誘導系　66

    2 数理モデルからのボディパターン形成メカニズムの検討　75

第6章　細胞内共生の進化――寄生から相利共生へ　81

    1 アズキゾウムシとボルバキア――多重感染と遺伝子水平転移　84

    2 アブラムシをめぐるブフネラとセラチア――寄生から相利共生への関係性の逆転　87

    3 宿主細胞と共生者の数理モデル――寄生から相利共生へ　89

第7章　可塑性，揺らぎ，進化　96

    1 生命システムと機械　97

    2 定常成長状態のもつ普遍統計則　101

    3 進化と揺らぎ――遺伝子型と表現型の対応　106

    4 遺伝子の変異による揺らぎと表現型固有の揺らぎの一般関係――氏か育ちかに向けて　110

目　次

第2部　脳認知科学

第8章　アルツハイマー病の謎を解く融合科学　119
1. あなたの寿命の予想　120
2. アルツハイマー病とは　121
3. 家族性アルツハイマー病の発見　122
4. アルツハイマー病になるメカニズム　123
5. 融合科学を用いたアルツハイマー病へのアプローチ　125

第9章　脳が作る性ホルモンと記憶学習の謎に迫る融合科学　128
1. 脳内で合成される性ホルモン　129
2. エストラジオールは記憶・学習の神経伝達に効く　132
3. アクチビンも海馬で合成され，神経可塑性に効く　133
4. 環境ホルモン（外来性女性ホルモン）と記憶学習　134

第10章　言語脳科学の最前線　136
1. 言語の特異性と文法中枢のはたらき　137
2. 文章理解の中枢のはたらき　140
3. 文法中枢における第二言語習得の初期過程　141
4. 文法中枢における第二言語習得の定着過程　143

第11章　身体化された記号―シンボルグラウンディング問題　149
1. 身体性認知　150
2. ダイナミカルカテゴリー　152
3. 身体性にみるアクティブとパッシブ　154
4. 言語にみるアクティブとパッシブ　157

第3部　対談
融合科学の研究で考えたこと，今後やりたいこと

進化と学習の複雑な関係　　　　　　　　　　　　　　　163
チョムスキーの文法理論と脳科学からの挑戦　　　　　173
化学反応から生命の生成へ　　　　　　　　　　　　　183
ゲーテの生命観と発生プロセス　　　　　　　　　　　190

索　引　　　　　　　　　　　　　　　　　　　　　　203

序章

生命システムを融合科学で理解する

浅島　誠

1　いま自然科学に何が求められているか

　20世紀の流れの中で，物の豊かさを追求してきた科学・技術・産業は，現在さまざまな問題に直面している．21世紀を迎えたいま，自然科学者は，「人間と自然（環境）との調和を保ちつつ，人間社会を発展させる」という困難な，だが解決し甲斐のある命題に直面している．そのときわれわれは，直面する諸問題解決のヒントを，40億年の自然淘汰の中で選択された生命システムの基本原理（生命の中に秘められた要素間の関係，環境との調和の巧妙な機構）に求めた．そして，数理科学，物理学，化学，生物学の専門家が一体となり，生命システムの本質を解明するために融合科学を展開することとした．

　ところで，生命システムに関わる現象は，微視的な分子（生体高分子，遺伝子を含む）のダイナミクスから，細胞・器官の形態形成，生体情報制御，脳と認知，個体の環境応答，生態系を経て，最も巨視的なスケールである人間社会のコミュニケーションに至る多くの階層にまたがっている．これらの異なる階層の間に普遍的な原理を見いだすことが，現代の社会の抱える問題解決へ向け

た真のブレークスルーになるのではないか．

2　なぜ融合科学か

　現代の自然科学は，デカルト以来の要素還元的な方法論で，近年飛躍的に進歩を遂げた．しかし，ゲノムがすべて解読できたからといって，生命がどこから来たかといった命題や，生命らしさを生み出す可塑性，進化，適応の仕組みなどが，すぐにわかるわけではない．このような問題については，むしろ要素間の相互作用に着目し，システム全体を構成的に理解する新しい方法論が必要となる．自然科学の歴史を紐解くと，これまで原子・分子の相互作用から，生化学的な生体高分子・超分子へ積み上げ，遺伝子・細胞・個体を経て，生態系・人間社会に至るさまざまな階層の研究が行われてきた．これら各階層で得られつつある豊富な研究成果と，同じく本専攻で培ってきた要素と全体の関係のダイナミクスを解析する複雑系の理論，超並列コンピュータによるシミュレーション，量子計測法やナノ・マイクロファブリケーションの技術などの方法論とを融合させることで，このような課題の解決に迫る新しい学問を創成することが可能であろう．そこで，生体システムの階層を貫く「仕組み」を解明する研究として，新しく融合科学を展開する気運が出てきた．

3　融合科学から見えてくるもの

　融合科学とは，社会のニーズを念頭におきつつ，「生命とは何か」の本質に迫ることを目標に掲げ，数理科学，物理学，化学，生物学の専門家が，それぞれのスタンスで生命の謎に迫り，得られた成果を互いに徹底的に議論する中から共通の理解を引き出す研究拠点である．このようなスタイルの研究を展開する上で，これまで個々に開発してきた3つのアプローチ，「測って」理解する/「創って」理解する/「モデルで」理解するといった方法論が大変有効であることがわかった．生命システムのダイナミクスの機構は複雑なので，従来は現象論的に取り扱われてきたが，融合科学に集う研究者たちの間には，人工細胞システムをつくることで生命の仕組みを探る構成的アプローチや，マイクロフ

ァブリケーションを用いた高度な計測的アプローチを用いることで，生命システムについてより深い理解が得られつつある．また，融合科学は，これらの成果を基に，複雑系の数理モデルを構築し，理論体系をもった新しい生命システム科学を確立しつつあるところに特色がある．

融合科学によって見えてきた生命システムの本質的な理解を一言でいえば，生命を自律的に動かしていく上での「階層を貫いた情報伝達」の重要性である．すなわち，ミクロな階層における，ゆらぎの大きな分子のダイナミズムの中から自発的に情報が形成され，それがよりマクロな上位の階層へ情報として伝わり，個体の運動を律していく生命システムの仕組みである．この情報の伝達には，上位の階層から，下位へのフィードバックがあり，自律性が保たれている．なお，このような仕組みは，個体間の社会にも存在していることが徐々に見いだされつつある．

4　この本で伝えたいこと

本書は，第1部－細胞のダイナミズム，第2部－脳認知科学の2部構成になっている．第1部「細胞のダイナミズム」では，分子の階層から個体間のダイナミクスまでを扱う．膜分子が自己組織化し袋状の会合体であるベシクルを形成し，さらに内部の反応場で膜分子を生産し複製能を獲得することで人工複製系が誕生した．またベシクル内でDNAの相補的複製も起こることがわかった（第1章）．さらにDNAコンピュータを構築する研究が行われた．その結果，細胞内部の情報処理の仕組みを抽出してつくられたDNAコンピュータが，翻って細胞の機能を構成的に理解する上で重要なことが示された（第2章）．その細胞の中身を一部取り替えたり除去したりするセミインタクト細胞の技術によって，細胞周期に依存して大きく変化するゴルジ体や小胞体などのオルガネラ形態やオルガネラ間のタンパク質輸送の制御機構（これは，細胞内の情報伝達制御の仕組みそのもの）の本質が，初めて明らかになった（第3章）．また，1細胞培養系をオンチップ・セミミクロ計測で測定を行うことで，細胞の機能が詳細に解明され，数理モデルの基盤がつくられた（第4章）．細胞の構成と細胞間のコミュニケーションの様相がわかってきたので，

細胞から器官，そして個体へと攻め上がることができるようになった．1つの受精卵の情報発現から個体ができ上がるまでのボディ・プランの研究を通じて，たった2, 3種類のシグナル分子（アクチビン，レチノレイン酸など）の濃度勾配により，個々の器官の形態形成をつくり分けられることがわかった（第5章）．さらに個体間の共生の研究も行われた．細胞の内部に異種の細菌が生息している細胞内共生の研究を契機として，自然界での共生細菌の寄生から相利共生へと関係性が逆転する様相が実験的に検証され，さらに細胞内代謝系に立脚した数理モデルで解析できることがわかった（第6章）．そして全体のまとめとして，細胞集団の中で，サイズや内容物の量に関して揺らぎが発生しつつも安定な複製が行われているうちに，揺らぎの大きい細胞や個体の存在が，進化に結びつくという筋書きが数理モデルとしてみえてきた（第7章）．

第2部「脳認知科学」では，脳におけるアルツハイマー病の発症機構を分子レベルで明らかにするとともに，植物にそのワクチンを合成させ，動物実験で実際に発症を防げることが確かめられた．将来ワクチン入りの野菜を食べることで，アルツハイマー病が予防できるかもしれない（第8章）．また，個体の成長のシグナルとなる性ホルモンが，記憶・学習に与る脳の神経細胞を活性化することが，実験的に明らかになった（第9章）．さらに，脳の高次機能解明の一環として，言語機能が取り上げられた．赤ん坊が長じるにつれ，どのように言語を獲得するか，また外国語の学習の場合はどのようなプロセスを経るかが，MRIを用いた計測により明らかにされた（第10章）．最後に，知覚，特に触覚のモデルとして，センサーをもち自律的に物体を触りながら，手に触れた物体の形を認識する数理モデルが構築された．将来，知覚をもつロボットが誕生するかもしれない（第11章）．

おわりに

融合科学に集った研究者たちは新しいスタイルの研究を活発に展開したので，「生命とは何か」という問いにある程度答えられる成果があがったことは大いに喜ばしいことである．融合科学の研究を推進していく中で，生命の特質をモデル化した人工の機能体（人工複製系，セミインタクト細胞，DNAコン

ピュータ，動く超分子システムなど）が誕生し，それを通じて生命の本質が見えてきたことは，大変印象的であった．

　一方で，融合科学的研究により得られた生命システムの成果は，翻って現代の人間社会にとっても多くの示唆に富んでいることに気付かされる．たとえば多くの階層から成り立つ社会において，的確な情報が伝われば，社会全体として自律的に状況の変化に対応しうるはずである．一方，意図的であるにしろないにしろ，誤った情報が伝わると致命的混乱をひき起こすであろう．そこには，情報社会の危うさが垣間みえる．また，生命システムにおいては，異質なものが進入してきた場合，当初感染を受けたとして撃退策を講じるが，やがて長い年月の間に互いの存在権を認め合い，共生関係に転じる場合がある．現在の世界情勢をみると，世界を1つの価値観で統一しようという動きがあるような気がしてならない．システムは異質なものを抱えて動いている時のほうが，はるかに環境に対する適応性が発揮できることを，生命システムは教えてくれる．

　もちろん，このような議論を深めるには，哲学，政治学，国際関係論の専門家を交えたさらに幅広い融合科学を展開する必要があろう．そのことを指摘することで序章の結びとしたい．

第1部

細胞のダイナミズム

第1章

自己生産する人工細胞の形成
―増えよ，集え，そして語り合え！―

菅原　　正
鈴木　健太郎

「生命はどこから来たのだろうか？」「生命と物質との境はどこにあるのだろうか？」
　これらの問いは，古来，多くの人々が深い関心を抱いた命題である．しかしながら，これだけ自然科学の発展した現代にあっても，この命題に対する明確な答えは得られていない．仮に，化学者がこの命題に挑戦したとする．他分野の考え方や方法論を取り入れることなく，よく馴れ親しんだ化学という学問が培ってきた方法論を基盤としただけでは，到底その核心には迫れないことは自明であろう．この問題の本質に迫るには融合科学というアプローチが不可欠である．融合科学的アプローチとは，数理科学，物理学，化学，生物学といった学問分野の研究者が，それぞれの学問の方法論を用いて，時には共同研究を交えながら，生命システムの謎の解明に挑戦し，得られた成果を持ち寄り，各分野の間に横たわる言語の壁を乗り越えて侃々諤々の議論をする中から，生命システムの全体像を浮かび上がらせる能動的な作業をいうのである．以上の考えのもとに，私たちはこの数年間，高倉克人博士，庄田耕一郎博士，豊田太郎博士をはじめとする，優れた若い研究者と協力し，自己複製する人工細胞の構築を目指して，螺旋階段を一段一段登るように，また何か困難な局面に遭遇する度に関連分野の科学者の協力を仰ぎながら，分子から分子集合体，細胞，組織へと研究対象の階層を上げ，分子システムの本質的理解に迫る研究を続けてきた．

第1部　細胞のダイナミズム

はじめに

　現代の生命科学は，対象を要素にまで分割し，それらの性質を完全に理解すれば，すべてが解明できるとする還元的方法論を用いることで，大きな進展を遂げた．そこでは「DNAに書き込まれた情報がRNAに転写され，特定のタンパク質が合成されることで生命システムが成り立っている」とするセントラルドグマ（中心教義）が，もっとも基本的な原理とされてきた．しかし，単なる高分子であるDNAの分子骨格をいくら眺めても，そこに「生命の息吹」を感じることは困難である．生命システムが示す「生き物らしさ」，たとえば，再帰性（単細胞生物が分裂した後，再びもとの状態にリセットされること），恒常性（環境が変化しても生体内の環境が，ほぼ一定に保たれること），可塑性（一定の刺激に対する応答が記憶されるが，別の刺激を受けると記憶が書き換えられること）などの本質を理解するには，生命を階層性のあるダイナミックなシステムとして捉え，下の階層で起こる基本的なダイナミックがどのようにして上の階層に伝播されマクロな現象を引き起こすか，といった仕組みを明らかにする必要がある．

　近年，化学の分野では，分子が分子間力で集合し，特定の形をもった構造体を作る自己集合化という現象に関心が集まっている．そこでは，個々の分子が互いに協同することで，1つの分子では到底実現し得ない機能を発現することが知られるようになった．このように「分子を創り積み上げる」というスタイルの研究は，先に述べた設定問題の解決法としてよく馴染むものであり，細胞を分子から創ることでその本質を理解するという化学らしいアプローチが浮かび上がってくる．そこでわれわれは，"なぜ細胞はかくも巧妙な機構を持ちうるのか"を知るために，細胞と同じように，外部から養分を取り込んで増殖する反応システム（自己生産システム）を人工的に構築することを目指した（図1）．自己生産を行う仕組みは，実際の細胞より著しく単純なものであったとしても，その両者の類似性の内に，システムを安定に維持するための鍵が必ず隠されているはずである．それを知ることで，生命が生命らしさをもつ理由に一歩近づくことができるのではないか．

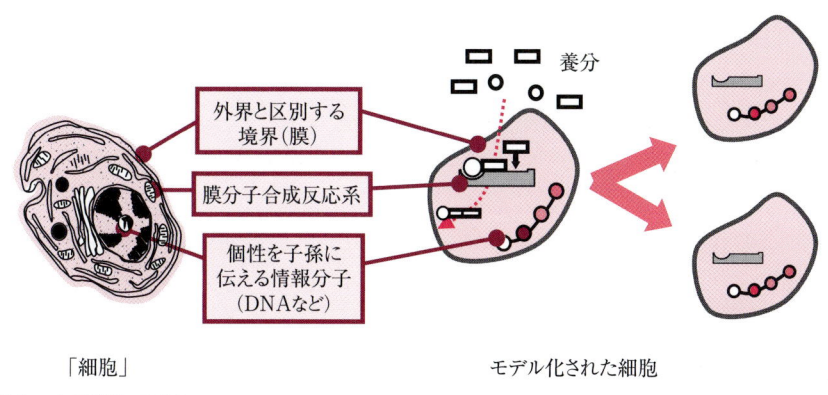

図1　人工細胞モデル

1 繰り返し自己生産するジャイアントベシクルを創る

　通常，スープ皿のような大きな反応容器の中で起こる反応は，ある場所だけで急に反応が起こったりすることはない．しかし，細胞のように外部と区切られた袋内の反応は，スープの中での反応とは異なる．もし，その袋の中に，自己を複製する反応に適した成分と必要量の触媒が入っていれば，複製反応はスムーズに進行し，生命活動に必要な生成物ができてくる．ところが，いずれかの成分が欠けていたり，触媒量が不足していたりすると，複製反応は進行せず，増殖していくことはない．ここで，スープ中に自己複製する袋がたくさん入っている場合を考えると，袋内の反応系の良し悪しで，袋どうしで複製反応の競争が起こり，生命らしさがみえてくるのではないか．また，袋の複製反応が何回か起こるうちに，環境に適するように袋の性質や内部の反応系が変わっていけば，「進化する自己複製系」が誕生するかもしれない．

　そこでわれわれは，両親媒性分子の集合体の一種であるベシクルに注目した．両親媒性分子とは，水に馴染みやすい部分（親水部）と，水に馴染まない部分（疎水部）とを併せ持った分子のことで，この分子を水に溶かすと，水中でベシクルとよばれる「膜からなる袋状の構造体」が自発的に形成される（図2）．ベシクルの内部は，両親媒性分子の膜によって外部の水から隔てられて

第1部　細胞のダイナミズム

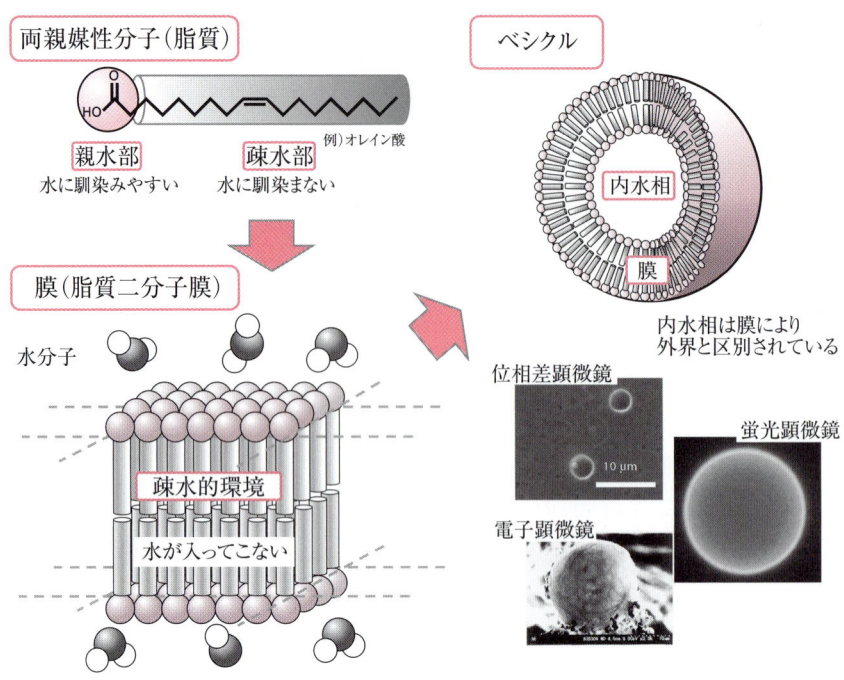

図2　両親媒性分子からベシクルができる

おり，この構造は，細胞膜によって，外部環境から隔てられた内部反応場をもつ細胞と類似している．もしベシクルが外部から取り込んだ膜の原料を，ベシクルを構成しているのと同じ膜分子へと変換し，さらに，自らがある程度大きくなったところで，分裂する仕組みを獲得するようになれば，それはまさに，細胞と同じように"外部から養分を取り込んで分裂していく"自己生産反応システムができたことを意味する．

　このような反応システムを構築するための膜の原料としては，ベシクルの内部で膜分子に変換されて初めてベシクルを形成するような分子を用意する必要がある．そこで，試行錯誤の末，図3に示すような一連の分子を設計・合成した．膜分子1は，親水部として陽イオン性のトリメチルアンモニウム基をもつ両親媒性分子で，ベシクルを形成することができる．一方，膜原料分子2は，イミン結合で連結されたもう1つの親水部をもつため，2つの親水部により親水性が強くなっており，それ自身でベシクルを形成することはない．したがっ

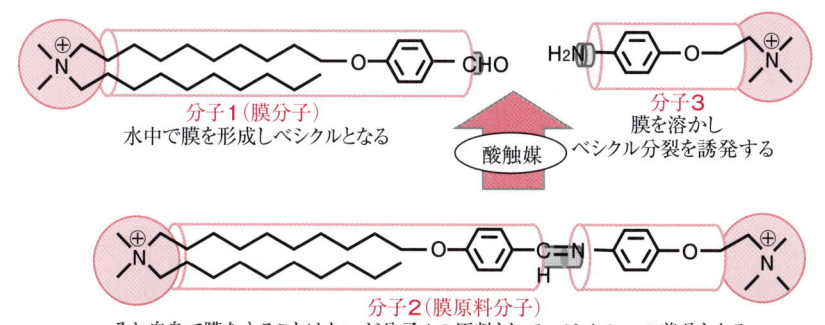

分子1（膜分子）
水中で膜を形成しベシクルとなる

分子3
膜を溶かし
ベシクル分裂を誘発する

酸触媒

分子2（膜原料分子）
それ自身で膜をすることはないが分子1の原料として、ベシクルへの養分となる

図3　膜分子原料の加水分解

て，分子1でできたベシクルに，養分として分子2を与えれば，ベシクルの内部で触媒の作用により一方の親水基が取り外されて，分子1に変換される．分子2から分子1への変換は，イミン結合の切断に対応している．一般に，イミン結合は中性や塩基性条件では比較的安定であるが，酸性の水中では，速やかに加水分解されるという特徴がある．もし，酸触媒分子をベシクルに仕込んでおけば，膜原料分子2が水中では分解せず，ベシクル膜中で分解するという反応環境を用意することができる．さらに，分子2から切り離されたカチオン性分子3は，電解質として膜を不安定化する性質があることから，ベシクルの分裂をサポートする．

　このような戦略で自己生産するベシクルを調整したところ，われわれは生体細胞と同じように，ベシクルが自ら養分を取り込んで分裂する様子を確認することができた（**図4**）．まず，注目している一個のベシクルの表面から，新たに娘ベシクルが誕生する瞬間が確認できる（**図4**①→②→③）．さらに興味深いことは，新たに生まれた娘ベシクルの表面からも，さらに新しいベシクルが誕生してくることである（**図4**④）．この結果は，分裂により新しく生まれたベシクルも，親と同様に，新たなベシクルを産むことができることを意味している．つまり，われわれのつくり出したこのシステムは，実際の細胞と同じように，養分が供給される限りは，親が子をつくり，子がさらに親となるというサイクルを何世代も繰り返すことができる．

　ところで，顕微鏡の視野の外でも同じような自己生産過程が起こっているの

第 1 部　細胞のダイナミズム

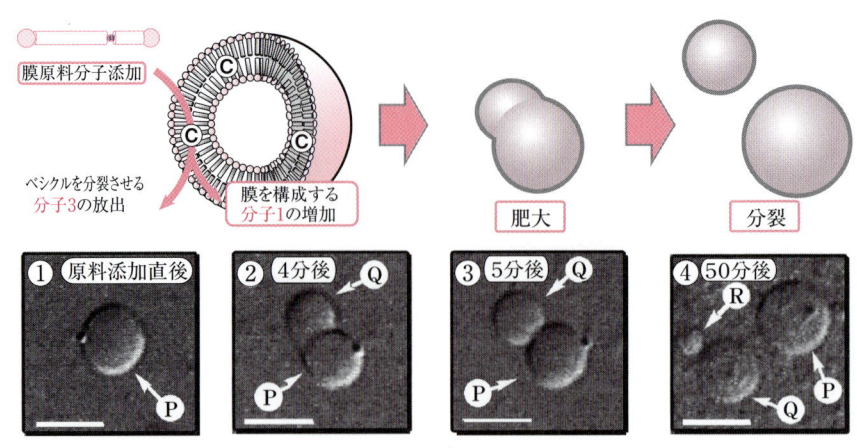

図 4　繰り返し自己生産するベシクル

だろうか？それを知るためには，試料中の無数のベシクルを観測する必要があるが，顕微鏡の狭い視野でそれを行うのは難しい．そこで，多数の生体細胞を分析するために開発された"フローサイトメトリー"という分析手段を用いて，試料中に含まれるベシクル集団の挙動を確認した．その結果，試料全体にわたって自己生産過程が行われたことを示す結果が得られた．これらの結果を統計的に解析すると，自己生産におけるベシクルの集団挙動は，環境によりその分布が変化していくといった，生命システムに見られる現象とよく似た特徴を有することがわかった．この点に関しては今後，複雑系の理論を専門とする金子との共同研究で，より詳しい解析を進めていきたいと考えている．

2　DNA 複製系を内包した人工細胞へ

前節では，細胞膜に相当し，閉じた膜構造を有するベシクルの分裂・増殖に焦点を当て研究の進展を紹介した．しかし細胞には，膜の複製系とともに，DNA に代表される情報複製系がある．すなわち，細胞は自らの容器を増やすと同時に，自分自身の設計図ともいうべき DNA もまた増殖させることで，生命として意味のある自己増殖を行っている．したがって，われわれのベシクル自己生産過程を，より実際の細胞に近づけるためには，DNA のような情報分子を導

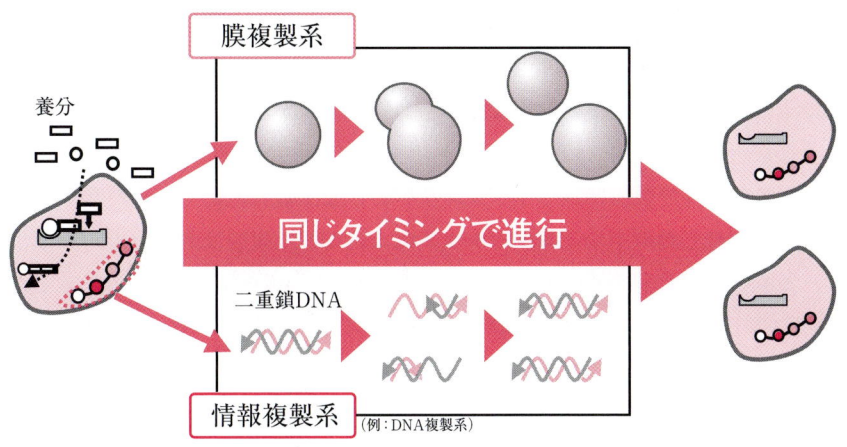

図5 二種類の複製系が同期する

入する必要がある．この際，重要となるのが2つの複製系の同期である（図5）．これらのタイミングがずれると，せっかく細胞（子ベシクル）ができても，多くの細胞が中身のないものとなったり，不必要に多数のDNAが押し込められた細胞（子ベシクル）ができたりしてしまう．そこで，膜とDNAとの間に，何らかの相互作用をもたせることが必要となる．

DNAは，核酸がリン酸エステルで連結した負の電荷をもつポリマーなので，われわれの自己生産型ベシクルの正の電荷をもつ膜には強く結びつくと予想される．そこで，自己生産型ベシクルに，緑色の蛍光プローブでラベルした一本鎖DNAを取り込ませ，外部の水相に膜分子の原料を添加したところ，分裂した子ベシクルも緑色に蛍光を発し，親と同じDNAをもっていることが確認できた．このようなアプローチは，DNAを直接的にベシクルに伝えられるという利点はあるが，膜に貼り付いていることでDNAのもつ様々な活性が失われてしまい，そのままではDNAの特性を有効に使えないという問題点もある．

そこで，われわれは，膜に取り込まれやすいコレステロールと短いDNAとをポリエチレングリコール鎖で繋いだ複合分子を合成した．実際この複合分子のコレステロール部はベシクル膜に溶け込み，そこに繋がれたDNAの端末が，内膜上で相補的配列をもつ鋳型DNAと部分的な二重鎖を形成する．する

と，ベシクル内に封入したDNA合成酵素がこの部分的二重結合鎖を認識し，ベシクル内に溶存するヌクレオチド（A，T，C，およびG）をベシクル内膜上で重合させることで，鋳型DNAの相補鎖が生成することを確認した．このような複合分子を用いれば，DNAのもつ特性をそのまま生かしつつ，複製されたDNAを膜分裂に伴って子ベシクルへと分配することができるだろう．

ここで紹介したジャイアントベシクル内でのDNA複製反応系を用いることで，興味ある融合科学的展開が可能となった．ジャイアントベシクル内でのDNAコンピューティングである．すでにDNAコンピューティングという言葉を聞いたことのある方も多いと思うし，この本でも第2章に陶山の解説があるので，詳しくはそちらを参照していただきたい．ここではDNAコンピューティングを，「鋳型DNAが入力RNAの配列を識別し，正しい配列であったときのみ一連の複製反応により特定のRNAを生産する操作」と定義する．ベシクル内で一連の増殖反応が進行し，コンピューティングが作動したかどうかは，出力RNAとの相互作用により蛍光を発する分子を利用することで，確認することができる．上記の反応は，すでに陶山研究室において試験管の中で最適化されているものであるが，われわれの研究室で細胞サイズの微小空間内における動作の最適化を行い，確かにベシクル内で複製反応が作動することを，セルソーターで計測することに成功した．

今後，外部環境の情報を入力RNA分子に担わせる仕組みを導入し，かつ触媒活性をもつ出力RNA（リボザイム）を生産させることにより，そのリボザイムがつくり出したタンパク質を，反応系にフィードバックすることができるようになろう．これはまさに現実の生物がもつ反応ネットワークに相当している．また生体内の患部に働き，その場で必要な酵素や抗体をつくり出すなど，細胞内医療の可能性を拓くものとなろう．

3　ジャイアントベシクルを人工組織へと構造化する

分子が集まって，分子単独の性質からは想像もつかない構造や機能をもつベシクルができ上がるように，ベシクルもまた，それらが互いに集まってより複雑な構造体をつくり上げていく．このことは，細胞が集積し高度な機能をもつ

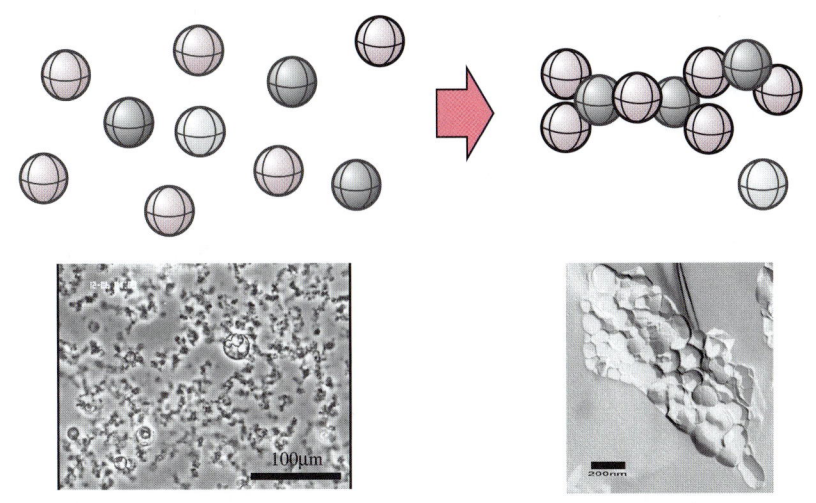

第 1 章　自己生産する人工細胞の形成

静電相互作用で集まったベシクル
（位相差顕微鏡）

DNA 複合分子により集まったベシクル
（電子顕微鏡）

図 6　ベシクルネットワーク

組織・器官（臓器）を形成することに通じる．ベシクルを組織化するには，水中におけるベシクルの表面に注目する必要がある．ベシクルの表面は両親媒性分子の極性部が並んでいるため，イオンの層に覆われており，ベシクルどうしは同じ電荷をもつイオン間の反発で勝手に集まることはない．ところが，ベシクル表面の電荷をコントロールしたり，相手を識別できる短い DNA 部位を持った膜分子をベシクル表面に導入したりすることで，ひとつひとつのベシクルが，その構造を保ったまま集積したネットワーク状の構造体を形成させることに成功した（図 6）．生体器官のように高度な機能をもつ集合体が自発的に形成するためには，必要な機能をもったベシクルだけが集合する仕組みが必要となる．この集合過程において，静電相互作用や，DNA 配列のように，相手によって結合できる，できないを選択しうる相互作用をもたせることで，単なる凝集現象とは異なり，意味のある構造体形成を行わせることができるようになった．

このような方法で作られたベシクル集合体には，様々な応用が考えられるが，その最も興味深い研究対象として，未分化細胞の発生過程への応用があ

第1部　細胞のダイナミズム

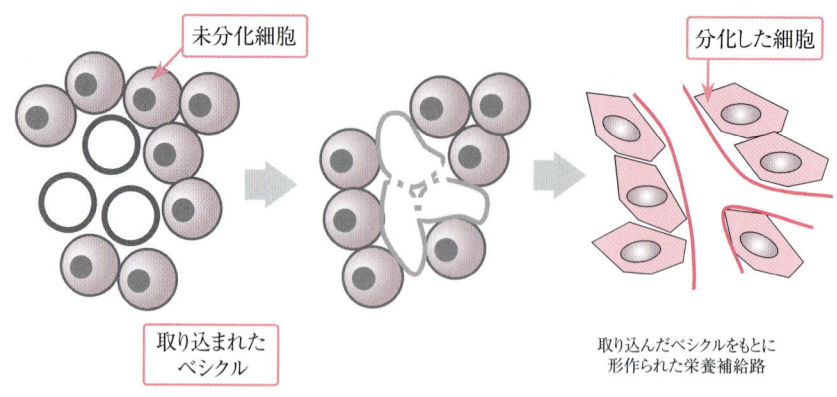

図7 未分化細胞集合体にベシクルを取り込ませる

る．未分化細胞は，特定の組織に分化する前の，あらゆる細胞に分化する可能性を秘めた細胞である．この分化の方向を，精度良く制御することができれば，どんな器官の細胞でも自由に作り分けることが可能となり，その利用価値は計り知れない．これについては，本書第5章に記されているように，両生類について驚異的な成果が得られている．しかし，哺乳類の未分化細胞の分化の制御には，凝集した未分化細胞の内部に酸素や栄養を供給するにはどうしたらよいか，三次元的な形態をもった器官を形成するにはどのような方法があるか，といった懸案がある．もし，この未分化細胞凝集体内部に，たとえば，酸素や養分を送り込む導管を組み込んだり，必要な成分や分化誘導分子を内封したベシクル集合体を取り込ませたりすることができれば，このような問題の解決に役立つのではないだろうか（**図7**）．

しかしながら，単純にベシクルと未分化細胞を混合しても，ベシクルが異物として未分化細胞凝集体からはじき出されてしまうことがわかった．そこで，細胞にとって親和性が高くなるように細胞間物質（コラーゲンなど）で取り巻かれたベシクルを作製し，それを用いたところ，ベシクルの凝集体が未分化細胞凝集体へ導入される可能性が見えてきた．この凝集体内部の細胞の運命やいかに．まだまだ越えるべきハードルは高いが，明確な方向性をもってこの研究を続けていきたいと考えている．こうして得られた知見をもとに，ベシクルを用いた人工細胞の分化・発生という新しい仕組みができると期待される．

第1章　自己生産する人工細胞の形成

おわりに：進化・分化する人工細胞

　生命システムの最小ユニットである細胞は，単細胞生物にせよ多細胞生物にせよ，自らの置かれた環境の中でしなやかに，かつたくましく生きているように見える．われわれの問題意識はまさに，そのシステムの生き物らしさを，「分子で創る」という手法で解明できないだろうかという点にあった．そこで，ごく基本的な有機反応を用いて，分子から細胞を創り上げる研究を開始した訳であるが，これまで得られつつある成果だけでも，初期生命体がどのようにして現れたかについてのヒントが得られるのではないか．また，多様な構造をもつジャイアントベシクルの集団の中から，特定の環境に適応するグループが自発的に現れてくる原理を探求することができれば，進化の分子モデルが誕生することになる．さらに進んで，そこで得られた指導原理を用いて，従来では思いもつかなかった機能（自己複製，自己修復，環境応答的機能変換など）をもつソフトマテリアルを創り出す事ができるかもしれない．まだ先は遠いが，これまでの研究で，生命システムのからくりを覆っているヴェールの一部がはがれ，その一端を垣間見ることができた気がしている．

　分子を分子間相互作用で編み上げて分子集合体とし，さらに分子集合体を組み上げて細胞モデルへ，そして多細胞モデルへと続く螺旋階段を，他分野の研究者と手を携えてこれからも登り続けていきたい．まさに生き物のような人工細胞ができ上がる瞬間に立ち会えないかと願いつつ….

参考文献

[1] 金子邦彦（2003）『生命とは何か　複雑系生命論序説』，東京大学出版会
[2] 菅原正・高倉克人（2003）現代化学，**5**, 30–36
[3] 菅原正・高倉克人・庄田耕一郎・鈴木健太郎（2006）日本宇宙生物科学会誌，**20**, 10–14
[4] 菅原正・豊田太郎・高倉克人・庄田耕一郎（2005）『リポソーム応用の新展開―人工細胞の開発に向けて―』（秋吉一成，辻井薫　監修），pp. 355–366, NTS
[5] Toyota, T., Tsuha, H., Yamada, K., Takakura, K., Yasuda, K., Sugawara, T. (2006) *Langmuir*, **22**, 1976–1981

[6]　Takakura, K., Toyota, T., Sugawara, T. (2003) *J. Am. Chem. Soc.*, **125**, pp.404–405

[7]　Takakura, K., Sugawara, T. (2004), *Langmuir*, **20**, 3832–3834

[8]　Shohda, K., Toyota, T., Yomo, T., Sugawara, T. (2003) *ChemBioChem*, **4**, pp.778–781

[9]　Shohda, K., Sugawara, T. (2006) *Soft Matter*, **2**, 402–408

第2章
DNAでつくられたコンピュータ

陶山　明

　DNAは遺伝情報を担う分子である．一方，コンピュータは情報処理を行うための優れた道具である．どちらもよく知られている．しかし，これら2つのものが一緒になったDNAコンピュータとはいったいどのようなものなのか．それは生命科学と情報科学の融合によりはじめて誕生し，その後，材料科学との融合によりさらに発展してきた．電子コンピュータでは絶対にできないような情報処理を行う，まったく新しい形のコンピュータである．非常に小さいので，細胞の中に入れてその働きを制御することや，病気の診断・治療を行うことも不可能ではない．また，ナノ・メートル（10^{-9}m）の世界でものを組み立てる工場を制御することにも利用できる．このようなDNAコンピュータの誕生をもたらした異分野の融合は，現象を表面的に眺めていただけでは成し得ないものであった．その奥に隠された本質にまで踏み込むことにより，はじめて異なるものが真に融合し，本当に新しいものが誕生したのである．世界の最先端を走るDNAコンピュータの研究を紹介しよう．

はじめに

机の上にコップに入った砂糖水が置いてある．ショ糖（スクロース）の分子が溶けた透明の液体である．その横には，数学演習の本が開いたまま置かれている．難しそうな数学の問題が見える．突然，透明な砂糖水の色が七色に変化し始めた．問題の答えをモールス信号で送っているのだ．荒唐無稽な，そんなことが起こるはずはない，と思うのが当然である．しかし，こんな嘘のような話が本当のことになり得るのである．コップの中の液体が砂糖水ではなく，もしDNAの溶液なら，数学の問題が解けてしまうのだ．なぜDNAの溶液だと数学の問題が解けるのか．砂糖水との違いはいったいどこにあるのか．DNAはどうやって数学の問題を解くのか．そして，数学以外の問題も解けるのか．その答えを考えてみることにする．

1 自己複製できるものは計算能力をもつ

生きているものは自律的に自己を複製することができる．この能力により子孫を残し，厚く堆積した地層の中にその痕跡をとどめている．しかし，自己複製の能力からは，さらに面白い性質が生まれてくる．計算をする能力である．すなわち，自己複製により自己のコピーをつくれると，計算能力が発生するのだ．なぜだろうか．少なくとも，メモリをつくれることはすぐわかる．コピーを保存して記憶できるからだ．しかし，コピーをつくれると計算ができるという結論には直感を超える思考が必要そうである．

自己複製能力により計算が可能になることを示したひとつの簡単な例がある．ヘアピンDNAを用いたDNAコンピュータであるWhiplash PCR（WPCR）だ[1]．計算を行うDNA分子の構造変化の様子がむちひも（whiplash）のしなやかな形の変化に似ていることから，このように名付けられた．WPCRのヘアピンDNAは，入力データが書かれた領域と計算のプログラムが書かれた領域をもつ．プログラムは状態遷移表とよばれる計算の規則の集まりである．DNAのヘアピン構造が形成されたり壊れたり，それを繰り返しながら状態を遷移することで計算が行われる．

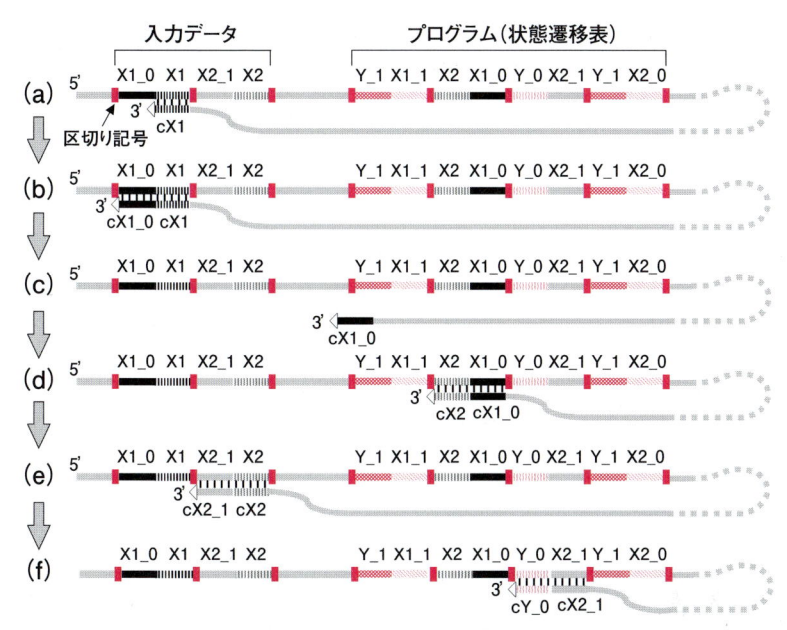

図1 Whiplash PCRによる論理式 $y = x_1 \vee \neg x_2$ の計算

X1, X1_0, Y_1などは，それぞれ，計算の対象が論理変数 x_1 であることを表す配列，$x_1 = 0$ であることを表す配列，$y = 1$ であることを表す配列である．X1とcX1などは互いに相補的な配列である．これらの配列は4種類の塩基，A, T, G, Cの中の3種類の塩基を並べて作られている．残りの1塩基が区切り記号を表す配列に使われる．区切り記号の配列の相補鎖合成に必要となる塩基が反応液の中にないため，相補鎖の合成は区切り記号の手前で停止する．(a) 論理変数 x_1 の値を入力する状態．(b) x_1 に値0を代入する計算過程．(c) ヘアピン構造が崩れて，次の計算過程に進む状態．(d) $x_1 = 0$ であることから論理変数 x_2 の値を入力する計算過程に遷移．(e) x_2 に値1を代入する計算過程．(f) $x_2 = 1$ であることから $y = 0$ であることを表す状態に遷移．

WPCRで $y = x_1 \vee \neg x_2$ という計算を実際に行うときの様子を見てみよう（**図1**）．x_1 と x_2 は0か1の値をとる論理変数，¬は否定，∨は論理和を表す記号である．たとえば，$x_1 = 0$ と $x_2 = 1$ が入力されると，計算の結果は $y = 0$ となる．WPCRによる計算は入力データ領域で x_1 の値を受け取るところから始まる．ヘアピンDNAの3′末端にあるcX1配列が入力データ領域のX1配列に結合し，x_1 の値を受け取る（**図1a**）．X1配列とcX1配列は互いに相補的な塩基配列である．アデニン（A）とチミン（T），グアニン（G）とシトシン（C）塩基との間で相補的塩基結合が形成され，3′末端部分は二重鎖にな

る．すると，DNAを複製する酵素であるDNAポリメラーゼが3´末端から区切り記号の手前まで相補鎖を合成する．cX1_0配列が付加され，$x_1 = 0$の値が取り込まれる（**図1b**）．WPCRでは溶液の温度は少し高めに保たれている．そのため，3´末端の二重鎖になった部分は時々分離する（**図1c**）．そして，分離した3´末端にあるcX1_0配列がたまたまプログラム領域にあるX1_0配列に再結合すると，DNAポリメラーゼによりcX2配列が合成され，X1_0状態（$x_1 = 0$である状態）からX2状態（論理変数x_2の値を受け取る状態）へ状態遷移が起こる（**図1d**）．これで計算が1ステップ進んだことになる．同じような構造変化を繰り返しながら，ヘアピンDNAは次に入力データ領域で$x_2 = 1$の値を受け取り（**図1e**），その後，X2_1状態からY_0状態に遷移して計算は終了する（**図1f**）．最後がY_0状態であることから，計算結果は$y = 0$となる．

非常に簡単なシステムではあるが，DNAの複製（相補鎖の合成）により，確かに計算が可能であることがわかる．しかし，それほど複雑な計算ができるわけではない．たとえば，$y = (x_1 \lor \lnot x_2) \land (x_1 \lor x_3)$のように同じ論理変数が2回も現れると，もう計算ができなくなってしまう．

2　ウイルスの複製の仕組みからつくられたコンピュータ

レトロウイルスがゲノムを複製する仕組みを利用すると，もっと複雑な計算を行うことができる[2-4]．レトロウイルスのゲノムは一本鎖RNAである．ウイルスが感染した細胞の中で，そのゲノムは**図2**のようにして複製される．はじめに，逆転写酵素によりゲノムRNAを鋳型として相補的な塩基配列をもつDNAが合成される．いわゆる逆転写反応である．その後，鋳型となったRNA鎖は逆転写酵素がもつRNaseH活性により分解され，一本鎖のDNAが残る．さらに，逆転写酵素はその一本鎖DNAを鋳型として相補鎖のDNAを合成する．逆転写酵素はいろいろな活性をもっている．その結果，プロモータ部分は二重鎖になり，スイッチオンされる．そして，そのプロモータからRNAポリメラーゼによりゲノムRNAと同じ塩基配列をもつ一本鎖RNAが大量に合成されるのである．

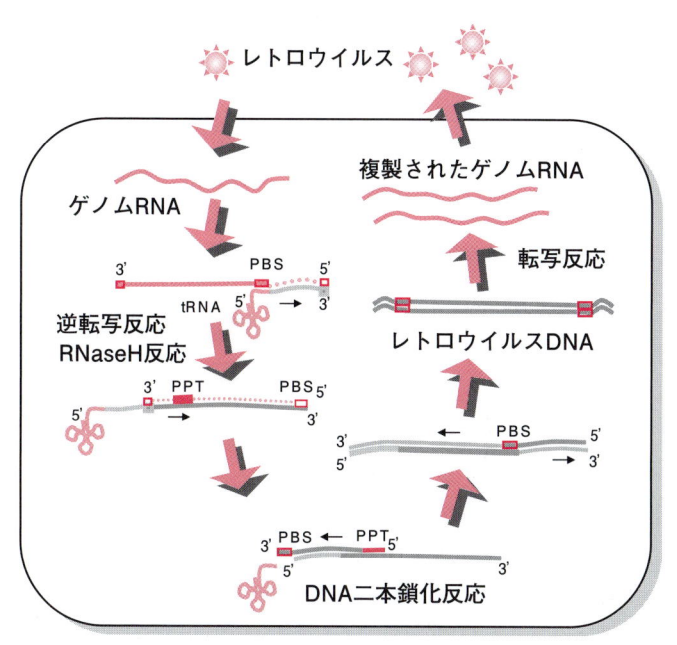

図2　レトロウイルスのゲノム複製
レトロウイルスが細胞に感染すると，はじめに，逆転写酵素によりゲノムRNA（ピンク色の太い実線）を鋳型として相補的な塩基配列をもつDNA鎖が合成される（灰色の太い実線）．レトロウイルスのゲノムはプライマー結合部位（PBS）をもち，そこからtRNAを先頭としてDNA鎖が合成される．やがて，逆転写酵素がもつRNaseH活性によってRNA-DNAハイブリッドのRNA鎖（元はウイルスゲノム）が分解され（ピンク色の点線），一本鎖のDNAだけが残る．さらに，逆転写酵素はその一本鎖DNAを鋳型として相補鎖のDNAを合成するので，その結果，プロモータ部分とレトロウイルスゲノムは二重鎖DNAとなる．最終的に，RNAポリメラーゼの転写反応によりゲノムRNAと同じ塩基配列をもつ一本鎖RNAが大量に合成される．

　レトロウイルスの複製の仕組みをそのまま用いたのでは，同じ配列をもつRNAしかつくれない．したがって，複雑な計算はできない．ところが，プロモータの向きをちょっと逆にすると，入力されたRNAとは異なる配列をもつRNAを合成できるようになる（図3a）．DNAの塩基配列で書かれた変換規則にしたがって，自在にRNAの配列を変換できるのだ．これはまさに分子反応で実現された関数，すなわち，分子関数といってよい．電子コンピュータのプログラムを書くときに使う関数と機能はまったく同じである．入力RNAの塩基配列で，関数の引数となる変数の値とそれを格納するメモリのアドレスを

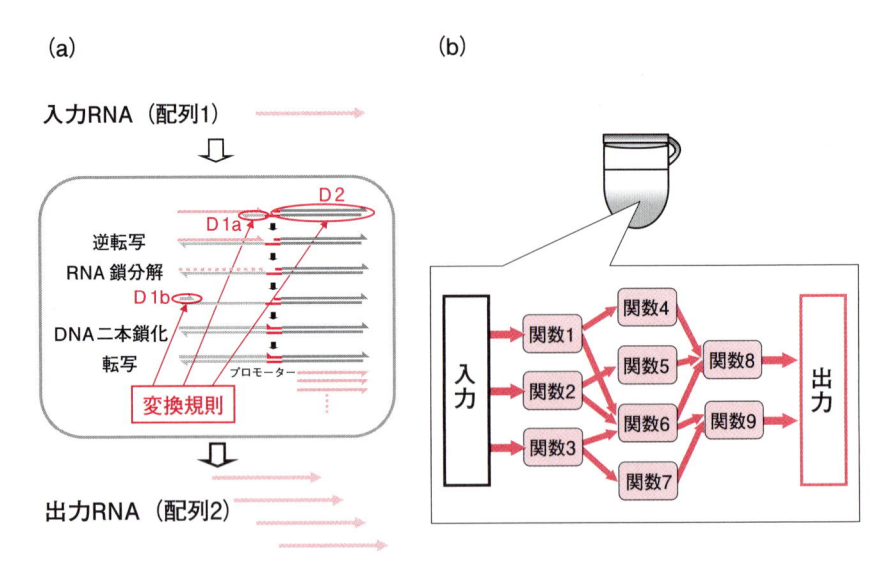

図3 自律型DNAコンピュータRTRACS
(a) RNA配列変換反応からつくられた分子関数．入力RNA（ピンク色の太い実線）を与えると，まずD1a配列の位置から逆転写反応が起きてDNA相補鎖が合成され（灰色の太い実線），RNaseH活性でRNA鎖が分解される（ピンク色の点線）．さらに，一本鎖になったDNAにD1b配列をもつDNAプライマーが結合して相補鎖のDNAが合成される．その結果，プロモータ部分（赤色の太い実践）は二重鎖となり，転写反応が開始される．図2のレトロウイルスのゲノムの複製の場合とは異なり，プロモータが逆向きになっているため，入力のRNA配列と同じ配列をもつRNAではなく，DNA配列D2で指定された配列をもつ出力RNAが大量に合成される．配列D1aとD1bで指定された入力RNA配列が配列D2で指定された出力RNA配列に変換されるので，DNAに書かれた配列D1a，D1bとD2が配列変換の規則を表すことになる．(b) 溶液の中で入力RNAと出力RNAとを介して結ばれた分子関数のネットワーク（概念図）．RTRACSはこのような分子関数ネットワークから構成される．

指定する．また，出力RNAの配列で，関数が返す値（戻り値）とそれを格納するメモリのアドレスを指定する．そして，これらのアドレス情報を利用して分子関数どうしの対応関係を決める．すなわち，ある分子関数がどの分子関数から入力RNAを受け取り，どの分子関数に出力RNAを渡すかという関係である．こうして，試験管の中には分子関数のネットワークが構築される（**図3b**）．そこに入力データを入れると，分子関数のネットワークで計算が行われ，しばらくすると答えを示す出力が試験管の中に生成される．計算の内容は分子関数とそのネットワークで決まる．したがって，分子関数のネットワーク

がまさにプログラム，分子で記述された分子プログラムとなる．このDNAコンピュータは，RTRACS（Reverse-transcription and TRanscription-based Autonomous Computing System）と名付けられた．

RTRACSは非常に高い計算能力をもつ．調べてみると，理論的には複雑な問題を解く能力がチューリングマシンと同程度であることがわかった[3]．チューリングマシンは人間が行う計算という作業をモデル化した仮想機械で，計算能力を数学的に調べるときによく使われる．電子コンピュータもチューリングマシンと同程度の計算能力をもつ．したがって，RTRACSを用いて，いろいろと複雑な計算を行うことができる．たとえば，四則算だってできる．もちろん，計算能力の低いWPCRではこのような計算はできない．

RTRACSによる計算反応では，プログラムのように計算の途中で変化しては困るものはDNA，計算の進行に伴って変化する変数の値などはRNAになっている．これは，RTRACSがRNAを分解する仕組みはもっているが，DNAを分解する仕組みをもっていないからである．そういえば，生きものも簡単に無くなっては困る遺伝情報はDNAに書き，必要なときにだけそれをmRNAに転写して使っている．要らなくなったmRNAは分解されて捨てられる．RTRACSは進化の過程で生きものが獲得したDNAとRNAの役割分担を巧みに使っているのである．

3 細胞内で働くコンピュータ

RTRACSで数学的問題が解けることはわかった．でも，数学的な問題を解くことが本当にRTRACSの力が最も発揮できることなのだろうか．いや違うだろう．数学的問題を解くなら電子コンピュータのほうがはるかに速そうだ．何もRTRACSを使わなくともよい．電子コンピュータでは決してできないこと，そのような計算に利用しないと意味がない．それは何であろうか．RTRACSがもっていて電子コンピュータがもっていない特徴，それを考えると答えがわかりそうである．

RTRACSは分子をそのまま入力データとして受け取り，分子を計算結果として出力できる．また，計算素子は分子のため非常に小さい．したがって，ミ

第1部　細胞のダイナミズム

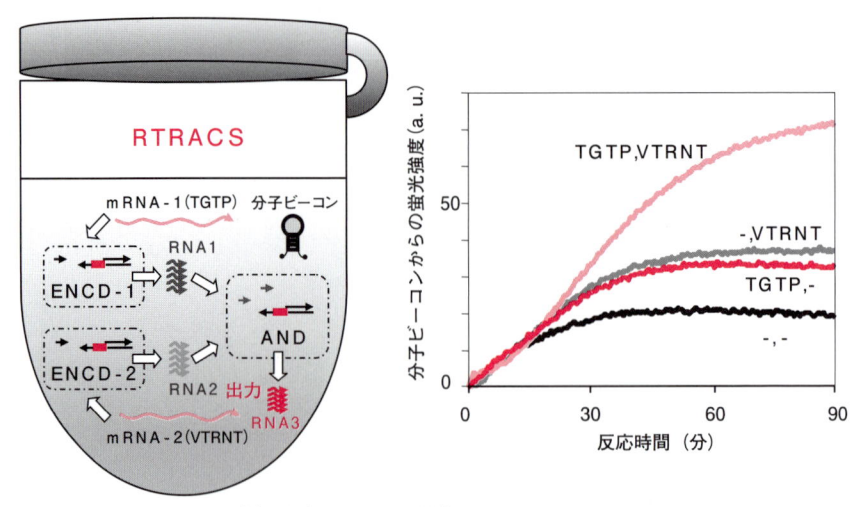

図4　RTRACSによる遺伝子発現パターン判定

クロンの大きさをもつ細胞の中に入れて動かすことも不可能ではない．それに対して，電子コンピュータは分子に対する直接のインタフェースもないし，細胞の中に入れられるほど小さくもない．分子の溶液を電子コンピュータに入れたら壊れてしまう．したがって，このような特徴が活かせる計算処理ならRTRACSの独壇場であるはずだ．

　RTRACSを遺伝子診断に利用する研究が，すでに行われている[5-7]．遺伝子の発現パターンやゲノムDNAの一塩基多型（SNP：Single Nucleotide Polymorphism）のパターンをRTRACSで判定して病気の診断を行うのだ．これまでの分析技術のように，熟練者やロボットが複雑な操作を行う必要はない．分子プログラムによって診断のための計算処理が自動的に行われる．しばらくすると，試験管から蛍光が発せられ，診断結果がわかる．

　RTRACSを細胞の中に入れて動かすことも試みられている[3]．とはいっても，細胞の中には計算を邪魔しそうないろいろな分子や酵素がうようよしている．そこで，脂質二分子膜からつくられた人工膜小胞であるリポソームの中でRTRACSを動かす実験が行われた．RTRACSの基本反応は，プロモータ部分の二重鎖化によりプロモータをスイッチオンし，DNAの変換テーブルにしたがって変換されたRNAを転写する反応である．転写された出力RNAは，

反応液中に分子ビーコンを加えておくと検出できる．分子ビーコンはヘアピン構造をもつ核酸分子である．相補配列をもつ標的核酸に結合すると，そのヘアピン構造が開き，末端に付けられた蛍光分子が強い蛍光を発する．フロー・サイトフォトメータを用いて1つ1つのリポソームの蛍光強度を測定すると，リポソーム内で反応がどのように進行したかを調べることができる（**図5a**）．リポソームという反応容器は1フェムトリットル（$1 \times 10^{-15} l$）程度の大きさしかない．したがって，試験管中の反応で用いられている濃度であっても，比較的濃度の低い酵素などは，リポソームの中に1分子も入らないことも起こる．そのため，1つ1つのリポソームの中での反応を調べることが重要となる．**図5a**をみると，大きさが異なるたくさんのリポソームの蛍光強度が反応の進行に従って全体として増加していくことがわかる．細胞という小さな容器の中の現象では，反応に関与する分子の離散性の効果が現れる．細胞の中に1分子しかなくとも，反応が遅いわけではない．その平均濃度は試験管の中での反応と大差ない．しかし，1分子がつくられたか否かで細胞の中で起こることは大きく変化するのである．

　RTRACSを細胞の中で働かせたらどんなことができるのだろうか．その一例を**図5b**に描いてみた．細胞内の状況を判断して治療を行う，高機能な遺伝子治療である．遺伝子が発現してつくられたmRNAやタンパク質を入力データとして取り込み，対応する内部コードにエンコードしたのち，細胞内の状態を診断する計算処理を行う．その判定結果が病気という異常な状態なら，計算結果をデコードすることにより，遺伝子の発現を制御するRNAやタンパク質を出力して細胞を正常な状態に戻す．実は，生きものは常にこのようなことを行っている．それを，人類がプログラミング可能な人工的な分子コンピュータで実現するのである．RTRACSは，細胞の中で働くコンピュータの実現を，はるか遠い未来の夢物語ではなく現実のものにしてくれる，画期的なコンピュータである．

4　ナノスケールの組み立て工場

　超小型の分子エレクトロニクス回路が未来のエレクトロニクス回路として注

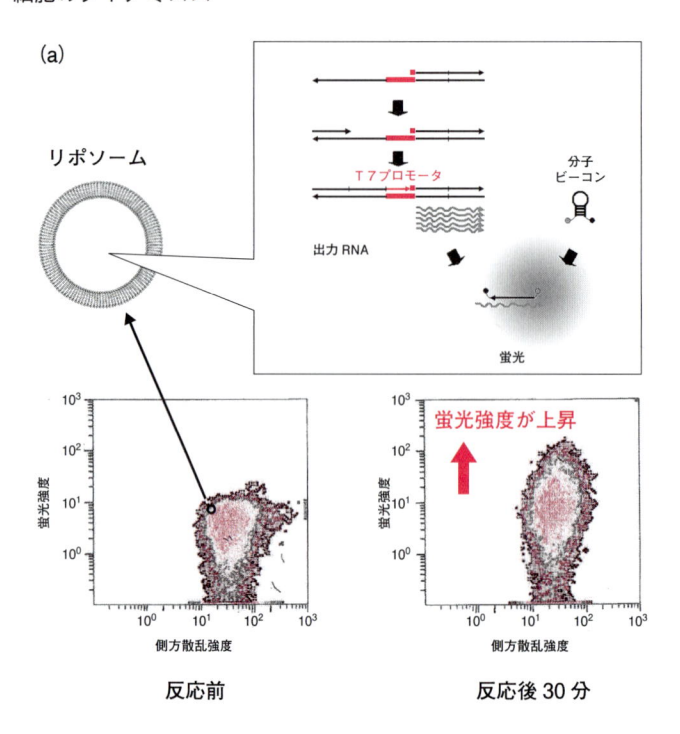

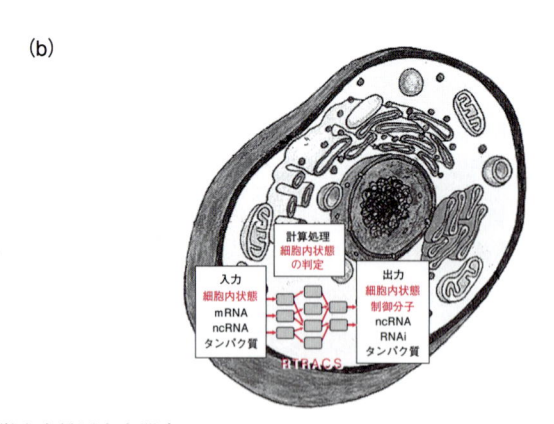

図5　極微小容量反応容器内でのRTRACS
（a）リポソーム内での反応．（b）細胞内DNAコンピュータ．

目されている．有機半導体分子，半導体超微粒子，カーボンナノチューブといったナノスケールの部品からつくられた回路である．このような回路も自動車と同じように電子コンピュータで制御された組み立て工場でロボットがつくることができるのだろうか．答えはノーである．特殊な工業用ロボットの手がナノスケールの部品をつかみ，ナノスケールの精度で位置を決めて取り付ける．まったく不可能というわけではないが，1つの部品を取り付けるのに非常に時間がかかる．そのうえ，たくさんの部品を並行して取り付けることで速くすることもできない．走査トンネル顕微鏡のプローブの先でキセノン原子をつかみ，IBMというナノ文字を書いた有名な研究がある．しかし，研究者自身が，IBMの正式社名であるInternational Business Machines Cooperationというナノ文字を書かずに済んでよかったと告白している．とても時間がかかってしまい，書けないのである．それではどうすればよいのか．DNAコンピュータはこのような問題の解決にも役立つのである[8,9]．

DNAコンピュータで制御されたナノスケールの組み立て工場では，DNAタイルが工業用ロボットと電子コンピュータの代わりとなる．DNAタイルとはDNAでつくられた方形のナノ構造体である（図6a）．四隅に一本鎖の粘着末端をもつ．隣り合うDNAタイルの粘着末端どうしを相補的塩基対結合で接着すると，DNAタイルを並べることができる．DNAタイルにナノスケールの部品を付けておくと，DNAタイルを並べることにより，部品が二次元的に配置される．DNAタイルの並べ方は粘着末端の配列で制御される．したがって，DNAタイルは部品をつかむための工業用ロボットとして働くだけでなく，組み立てラインを制御するコンピュータの機能ももち合わせている．

DNAタイルは優れものである．有限種類のDNAタイルを並べて二次元のどのようなパターンでもつくることができる．このことは数学的には証明された．しかし，実際には周期的パターンで並べることしかできていない．数学者が頭の中でタイルを並べるようには，DNAタイルは試験管の中で並んでくれないのである．粘着末端どうしを結合させてDNAタイルを自己集合させると，誤ったタイルが取り込まれてパターンの成長が止まってしまうことがよく起こる．また，DNAタイルはナノスケールで見ると平らではないため，複雑なパターンで平面状に並べることができないのである．

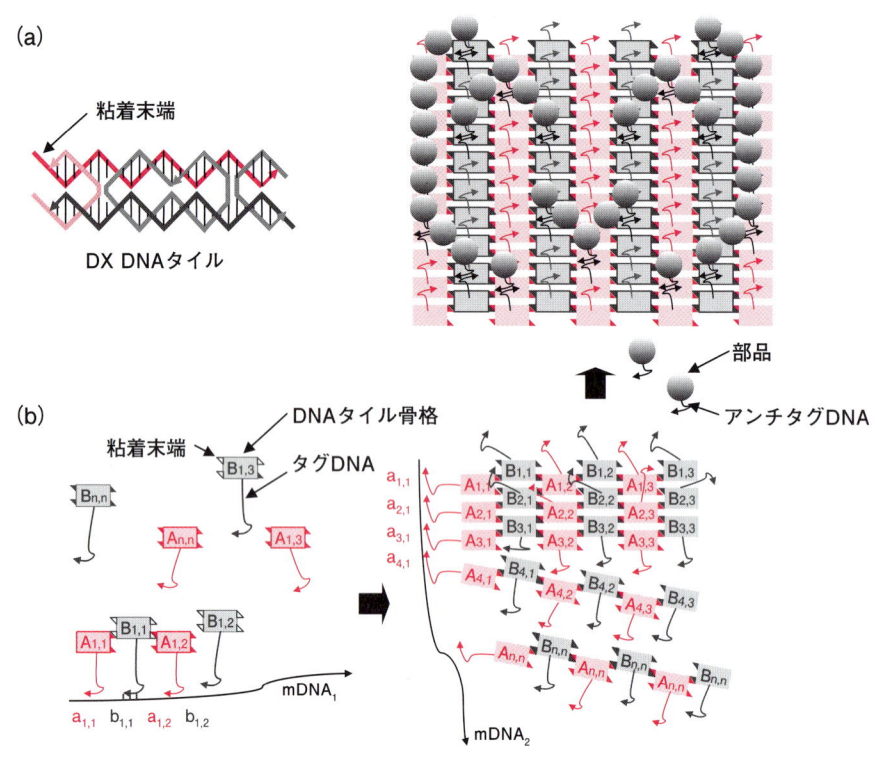

図6　DNAタイルを用いたナノスケールの組立工場
(a) DX（ダブル・クロスオーバー型）DNA タイル．(b) mDNA を用いたプログラム可能な DNA タイルのセルフアセンブリ．DNA タイル骨格についているタグ DNA のアドレス配列は，タイルに付けられた番号により異なる．mDNA を用いてつくられた DNA タイルの平板上には，アドレス配列をもつタグ DNA が mDNA の配列で指定されたパターンで配置する．そこにアンチタグ DNA の付いた部品を結合させると，タグとアンチタグ DNA の相補的塩基対結合により，部品は DNA タイルの平板上に指定されたパターンで並べられる．

　どうすれば DNA タイルを自在に並べることができるのか．答えはまた生きものがもつ仕組みの中に隠されていた．タンパク質の生合成の過程で行われる分子翻訳の仕組みである．タンパク質の構造や機能は20種類のアミノ酸の一次元配列で決まる．そのため，生きものはアミノ酸を自在な順序で連結する仕組みをもっている．個々のアミノ酸どうしの相互作用を利用したのではそれはできない．そこで，アミノ酸に tRNA という核酸のタグをつける．一方，DNA

に書き込まれたアミノ酸配列の情報を写し取った mRNA という核酸を用意する．そして，tRNA と mRNA との間の相補的塩基対結合を利用してアミノ酸を並べるのである．核酸分子がもつ特異性の高い分子認識を利用した分子翻訳である．

　分子翻訳の仕組みに学ぶと，DNA タイルを二次元的に自在に並べられる可能性が生まれる（**図6b**）．アミノ酸はすべてのアミノ酸に共通する骨格部分と，アミノ酸ごとに異なる側鎖の部分からなる．同じように，共通する骨格部分と，タイルの種類により異なるアドレス配列をもつタグ部分からなる DNA タイルをつくる．一方，タンパク質の生合成における mRNA に相当する mDNA を用意する．mDNA には DNA タイルの一次元的な並べ方がアドレス配列の相補配列を用いて書かれている．したがって，DNA タイルと mDNA を混ぜ合わせると，mDNA 上に DNA タイルが指定された順序で整列する．タイルがバラバラにならないように共通の骨格部分を共有結合させたのち，mDNA をタイルから外す．こうしてつくられた一次元の DNA タイルの鎖を，その一番端のタイルのアドレスの順序を指定した別の mDNA を用いて並べる．このようにすると，共通の骨格からつくられた平面状の DNA の上に，アドレス配列をもつ DNA タグが突き出したような DNA 構造体ができあがる．アドレス配列の相補配列をアンチタグとして付けた部品をこの DNA 構造体と混ぜ合わせると，タグ DNA とアンチタグ DNA との相補的塩基対結合により，部品が指定されたパターンで配置される．アドレス配列の二次元配置は mDNA によって自在に制御できるので，複雑な分子エレクトロニクスの回路パターンで部品を配置させることも可能である．また，いくつかの酵素を二次元的にうまく配置して反応効率を上げたナノ化学工場をつくることもできるだろう．これは机上の空論ではない．実際，このような方法で DNA タイルを二次元的に並べられることがわかってきた．生きものが長い進化の過程で獲得してきた仕組みに学ぶと，分子は生きたように働くのである．

おわりに

　砂糖の分子はただ甘いだけである．しかし，DNA の分子は自律的に情報処

理を行うシステムに変身を遂げることがわかった．その理由は，自己を正確に複製する仕組みをもっていることにあった．A，T，G，C というわずか4種類の塩基の並びで多様な情報をつくりだし，それらの正確なコピーをつくる．生きものはこの優れた性質を利用して脈々と生き続けてきた．その巧みな仕組みに学びながらも，生きものとは違う目的に DNA を利用することにより，DNA コンピュータが誕生した．この新しいコンピュータは，これまで述べてきた以外にも，いろいろなことを可能にしそうである．たとえば，試験管の中につくられた脳とか，分子進化工学で機能性材料をつくりだす試験管内工場などである．あるいは，既存の生きものとまったく異なる形の生きものをつくることもできるかもしれない．生命科学，情報科学，材料科学の融合から生まれた DNA コンピュータという分子システムは，将来，電子コンピュータと同じように，人類にとって無くてはならない身近な道具になるだろう．

参考文献

［1］萩谷昌己・横森貴編（2001）DNA コンピュータ，培風館
［2］陶山明（2003）細胞工学，**22**（11），1244-1249
［3］陶山明（2005）BIONICS 7 月号，58-60；BIONICS 8 月号，54-56
［4］日本未来科学館編（2005）ミーサイマガジン 10
［5］斉藤勝司（2007）BIONICS 1 月号，12-13
［6］陶山明（2005）蛋白質核酸酵素，**50**（16），2300
［7］陶山明（2003）ゲノム医学，**3**(2)，223-228
［8］陶山明（2004）細胞工学，**23**(2)，241-246
［9］陶山明（2004）新訂版・表面科学の基礎と応用，日本表面科学会編，pp.1365-1367，エヌ・ティー・エス

第3章

細胞を試験管とした生体分子の機能分析
―「見て」「操作する」そして「知る」―

村 田 昌 之

　セミインタクト細胞とは細胞膜を透過性にした「細胞型試験管」である．オルガネラや細胞骨格がつくるトポロジー空間を保持しながら，細胞内の様々な生命システムを分析的に再構成し，タンパク質・遺伝子の機能・ダイナミクスを解析・検証するツールである．本章では，急速に進歩するGFP（green fluorescence protein）を用いたオルガネラ動態可視化技術とセミインタクト細胞技術をカップルさせた細胞周期依存的なオルガネラ動態解析を例に取り，セミインタクト細胞アッセイ系の妙味を紹介する．

はじめに

　タンパク質の機能発現やその制御メカニズムを試験管内だけで研究し議論することが限界になってきている．なぜなら，タンパク質は，細胞内の特定の場所（空間）で特定のタイミング（時間）でその機能を最大限に発揮するよう進化してきたため，「真の」機能制御メカニズムの研究にはタンパク質が真に機能する「環境」を考慮した実験システムが必要不可欠だからである．特に，細胞内ではオルガネラや細胞骨格の空間配置（トポロジー）が細胞の種類ごとにだいたい決まっており，タンパク質やmRNAなどの生体分子はその「環境」中で最大限に機能しているからである．たとえば，神経細胞の樹状突起や成長円錐など特定の場所へと機能分子を選別して集積させる細胞内物質輸送・ターゲティング機能の研究は，細胞をすりつぶして行う従来の生化学的手法のみに依存した実験系では困難である．何とかして，タンパク質が機能する「空間」と「時間」を特定し，その環境でタンパク質の機能解析を行いたい．セミインタクト細胞は，このように「細胞内での」生体分子の機能解析を扱う最新の生命科学の要請から生まれてきた「細胞型試験管」である．

　セミインタクト細胞とは細菌毒素などを用い，細胞膜を部分的に透過性にした細胞のことである[1,2]．セミ（semi–）は文字通り「半分の」といった意味で，細胞内にある様々なオルガネラや細胞骨格（アクチンフィラメントや微小管など）のトポロジーを保持したまま，細胞質を細胞外へ流出させた細胞であり，仮死状態の（半分生きている状態の）細胞のことである．細胞を1個の試験管に見立てて，ここに新たに外部より調製した細胞質成分やエネルギー源であるATP再生系などを戻してやると，仮死状態の細胞は再び活動を始める．もう少し科学的に言うと，細胞質に依存的な生命現象を「再構成」することができる．再構成できれば，加えた細胞質成分の中のどんな因子が，どのようなメカニズムで生命現象に関わるか・制御するかなどを生物物理学的・生化学的手法を使って解析できるというわけである（図1，http://bio.c.u-tokyo.ac.jp/labs/murata/technique/）．たとえば，正常な細胞をセミインタクト細胞にして，ある病態を示す細胞から調製した病態細胞質を添加してやれば，「病態モデル細胞」ができる．同じように，分化前・後の細胞質を用いて「脱分化

第3章　細胞を試験管とした生体分子の機能分析

> セミインタクト細胞系を利用
> した細胞内イベント解析法

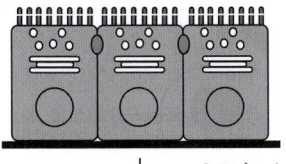

光学顕微鏡により、生理現象を可視化する

↓　セミインタクト細胞の調製
　　細胞質の流出

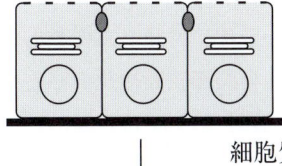

細胞質は流出するが、細胞骨格やオルガネラのトポロジーは保持される

↓　細胞質+ATP再生系など

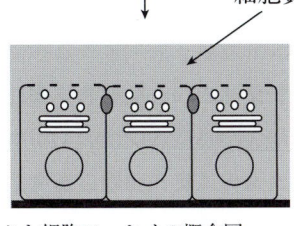

外部より細胞質やエネルギー源を添加することによって、可視化した生理現象を再構成し、そのダイナミクスや分子基盤を解析する

図1　セミインタクト細胞アッセイの概念図

モデル細胞」，細胞分裂時の細胞質を用いて「M期モデル細胞」などをつくり，病態細胞・分化細胞・細胞分裂時の細胞内で生起する現象を分析的に再構成し解析することができる．私の研究室ではこの"マニアック"な細胞実験系とイメージング技術をカップルさせた世界に類を見ない「セミインタクト細胞アッセイ」を作り，生命現象の直接の担い手であるタンパク質・脂質・核酸の「機能する現場を見る」ことによりその「からくりを解明」したいと思っている．本章では，「セミインタクト細胞アッセイ」を利用し，細胞周期に依存して変化するオルガネラの形態制御機構の研究を例に取り，セミインタクト細胞アッセイの基本的戦略を紹介する．

第1部　細胞のダイナミズム

1　セミインタクト細胞系を使って細胞周期に依存したオルガネラの形態変化を再構成する

　細胞分裂の際，遺伝情報をおさめた染色体や細胞質が分配されるだけではなく，細胞の諸機能を司るオルガネラも2つの細胞にある程度正確に分配されねばならない．この細胞分裂時に起こる娘細胞へのオルガネラの分配現象を「オルガネラの遺伝」（organelle inheritance）とよび，染色体や細胞質の分配と区別される．

　従来，きわめて厳しく制御を受けた遺伝情報の分配機構に対して，「オルガネラの遺伝」機構については細胞質の分配に付随した受動的なモデルがたてられていた．つまり，オルガネラも細胞分裂時に断片化・小胞化されて細胞質中に散らばることにより，細胞質の分配に付随して確率論的に分配され，分裂後に再構成されると考えられてきたのである（図2, movies；http://bio.c.u-tokyo.ac.jp/labs/murata/technique/）．

　ところが最近のGFP可視化によるオルガネラ分配過程のリアルタイム可視化研究の結果，オルガネラの分配は単純な小胞化説で説明できるようなものではないこと，さらにオルガネラの種類ごとに特化した分配様式があることが明らかになってきた[3]（図2）．

　ここではまず，小胞体ネットワークの遺伝に注目してみる．小胞体は細胞質タンパク質以外のタンパク質合成やそのフォールディングの場であり，糖や脂質の代謝，カルシウムイオンの貯蔵などの多彩な役割を担うオルガネラである．形態的には，チューブ状・袋状の膜構造による細胞質全体にわたるネットワーク構造をとるオルガネラであり，その内水相は互いに連続して1つのネットワーク構造をとっている．そのネットワークは，three-way junction，すなわち三叉路様の微細構造を基本としている．間期においてはそのチューブ状・袋状構造内水相は核膜とも連続している（図3）．つまり，1つの連続した巨大網状のオルガネラなのである．

　従来は，小胞体も細胞分裂時に小胞化して娘細胞に分配されるものと考えられていた．だが最近になって，小胞体はそのネットワーク構造を維持したまま娘細胞に分配されるという報告がなされはじめている[4]．他のオルガネラとは

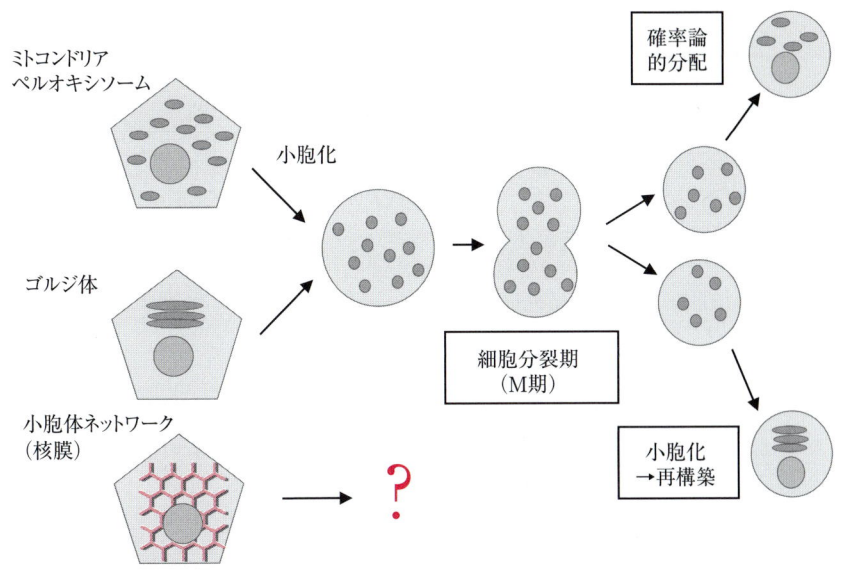

図2 哺乳動物細胞における細胞分裂時のオルガネラ分配の様式
動物細胞において、オルガネラはミトコンドリアやペルオキシソームのように細胞内に多数存在するものと、ゴルジ体や小胞体、あるいは小胞体と内水相が連続している核膜のように細胞内にひとつだけ存在するものとに大別できる。前者は、細胞質分裂に付随した確率論的な分配により説明できる。しかし、後者のタイプのオルガネラでは、1つしか存在しないものが2つの娘細胞に正確に分配されなければならず、その矛盾を解消するためにより高度な分配機構が必要とされる。たとえば、ゴルジ体は形態的にも特徴的な数葉の層板構造を持ち、細胞周期間期では核の一極に主として層板構造を形成しているが、細胞分裂期には層板構造は「分解」し、そのコンポーネントは細胞質中に分散し娘細胞に均等分配される。そして、細胞分裂後、再びコンポーネントは集合しゴルジ層板として核近傍に「再構築」される。

まったく趣を異にする遺伝様式が示されはじめたわけであるが、その一方で、連続したネットワーク状態を維持したままの分配とはどのようにしてなされるのかという新たな疑問を生み出すことになった。

2 セミインタクト細胞アッセイの基本スキーム

ここでは、セミインタクト細胞アッセイの一般的戦略を、小胞体ネットワークの細胞周期依存的な形態変化に関わる分子メカニズム研究を例に取り説明す

第1部　細胞のダイナミズム

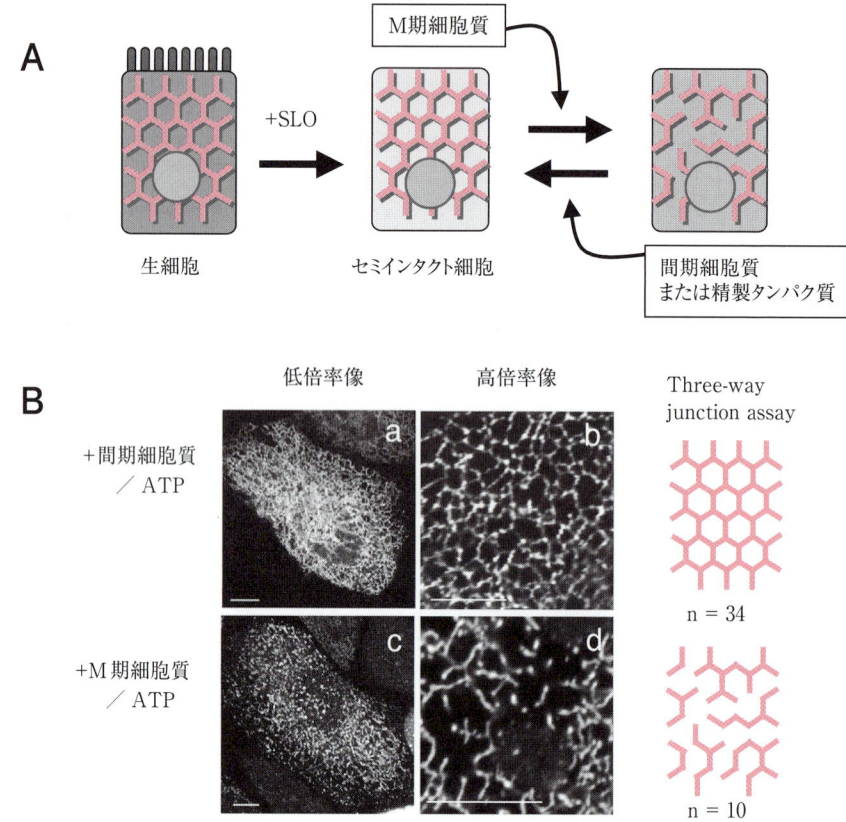

図3　セミインタクト CHO-HSP 細胞を用いた小胞体ネットワークの細胞周期依存的形態変化アッセイ法の概略

（A）アッセイのスキーム：可視化された小胞体ネットワークをもつ CHO-HSP 細胞をセミインタクト細胞にする．そこに M 期細胞質を添加して細胞分裂時のネットワーク形態を再構成した．M 期細胞質を洗い流し，そこに間期細胞質または候補タンパク質群をリコンビナントタンパク質として導入し，間期のネットワーク形態を再構成した．添加する細胞質に阻害剤や抗体などを添加したり，特定のタンパク質を免疫除去法を用いて除去した細胞質などを調製する．それらの効果をセミインタクト細胞アッセイで調べ，反応の素過程進行または阻害に関わる細胞質因子を同定・検定する．（B）セミインタクト CHO-HSP 細胞に，M 期細胞質／ATP 再生系を導入したときのみ小胞体ネットワークの部分的切断が見られた．B─(a)，(c) は低倍率像，B─(b)，(d) は高倍率像．部分的切断の程度は，一定の領域の三つ又構造の数によって見積もった（B 右図）．

る[5,6].

(1) 生きた細胞内で生命現象を可視化する

まず，小胞体ネットワークの内腔に局在するタンパク質（heat shock protein47：HSP47）のGFP融合タンパク質（HSP47-GFP）を恒常的に発現しているCHO細胞株（CHO-HSP）を樹立した．共焦点レーザー顕微鏡を用い，間期・M期の生きたCHO細胞の小胞体ネットワークの様子を観察した（図3, movies；http://bio.c.u-tokyo.ac.jp/labs/murata/technique/）．間期では，ネットワーク構造を作るチューブどうしが融合と分断を頻繁に繰り返していることが明らかになった．一方M期（細胞分裂期）では，ネットワーク構造は見られるものの，部分的にネットワークが切断されていることがわかった．この細胞分裂時における小胞体ネットワークの部分的切断については，スターフィッシュの受精卵や動物細胞でも観察されている．われわれは，このネットワーク構造の部分的切断が小胞体ネットワークの娘細胞への円滑で均等な分配に重要なのではないかと予想した．

(2) セミインタクト細胞内で細胞質依存的な生命現象を再構成する

まず，間期またはM期に同調した大量の培養細胞から細胞質を調製した．セミインタクト細胞にしたCHO-HSP細胞に，調製したM期細胞質や間期細胞質を添加すると，M期細胞質を入れた場合のみ，小胞体ネットワークの部分的切断が再現（再構成）された．M期細胞質からcdc2キナーゼ（M期になると活性が上昇するキナーゼ）を免疫除去し，その細胞質をセミインタクト細胞に入れてやってもネットワークの切断は起こらない．この結果より，cdc2キナーゼの活性化が小胞体ネットワークの部分的切断に必要であることがわかった（図3）．M期細胞質を洗い流し，そこに間期細胞質を導入すると，この切断された小胞体ネットワークは元通りのネットワーク構造を再構築した．それぞれの過程には細胞のエネルギー源であるATPが必要であった．

(3) 導入した2状態の細胞質の分析と生命現象に関わる制御因子の同定と検定[5,6]

上でセミインタクト CHO-HSP 細胞に，間期または M 期細胞質を導入してそれぞれ間期・M 期の小胞体ネットワーク構造を再現（再構成）できた．つまり，間期・M 期の細胞質の中を生化学的に分析すれば，間期に小胞体を部分的に切断したり，細胞分裂後に娘細胞内で切断された小胞体ネットワークのチューブを再び膜融合によって再構築するタンパク質因子（群）が見つかるはずである．ヒントは，M 期細胞質で活性化される cdc 2 キナーゼにあった．ちょうどその頃，ケンブリッジ大学の近藤博士のグループが，p47 というタンパク質が M 期の cdc 2 キナーゼのリン酸化の標的の 1 つであり，M 期のゴルジ体の小胞化に深く関わっていることを発見した[7]．この発見を基に，間期・M 期の細胞質を生化学的に分析した結果，われわれがセミインタクト細胞内で再構成している小胞体ネットワークの部分的切断と再構築には，細胞内の 2 種の膜融合活性化複合体（「p97/p47/VCIP135 系」[8] および「NSF/SNAP 系」）が関係することがわかった．さらに，セミインタクト細胞を細胞型試験管として，これら膜融合活性化複合体の個々のタンパク質について機能解析を進めた．その結果，小胞体は間期では絶えず膜融合を繰り返しネットワーク構造を保っているが，M 期では p47 のリン酸化によって「p97/p47/VCIP135 系」複合体が分解し機能できなくなり M 期の様相（部分的切断状態）を呈することがわかった．また，M 期細胞質で切断されたセミインタクト細胞の小胞体ネットワークの再構築には，2 つの複合体が「NSF/SNAP 系」→「p97/p47/VCIP135 系」と段階的に作用することが必要であり，微小管は不必要であることもわかった（図 4）．

(4) 同定された制御因子を中心にした制御ネットワーク解析

さて次は，同定された 2 種類の膜融合活性化複合体を中心に，様々な文献や自らの実験結果を基に小胞体ネットワークやゴルジ体の形態変化に関わるタンパク質ネットワークを総合的に解析した．下記に示す思いがけない発見や研究の展開は，細胞内で 1 つのタンパク質の機能を検定することの重要性とその愉快さを示す例である．

まず，2 種類の膜融合活性化複合体は，細胞の分泌経路の要となる単一オルガネラ・ゴルジ体の細胞周期依存的な分解と再構築にも効いていることが他の

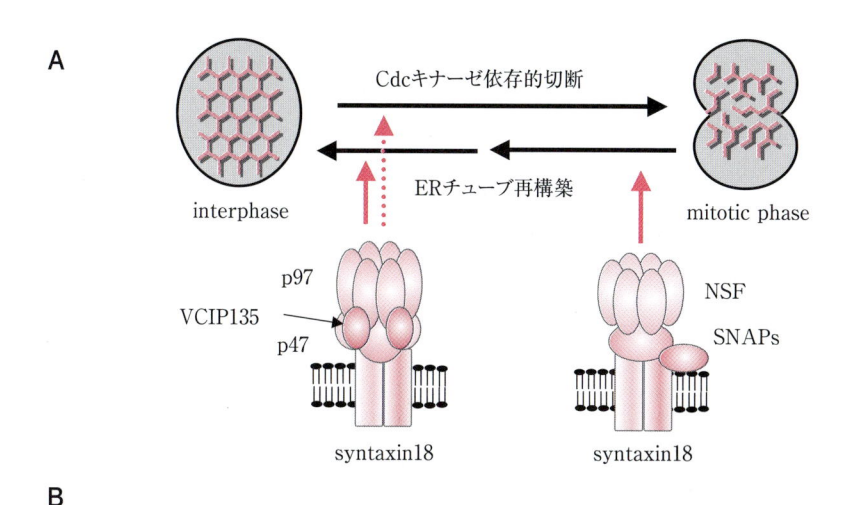

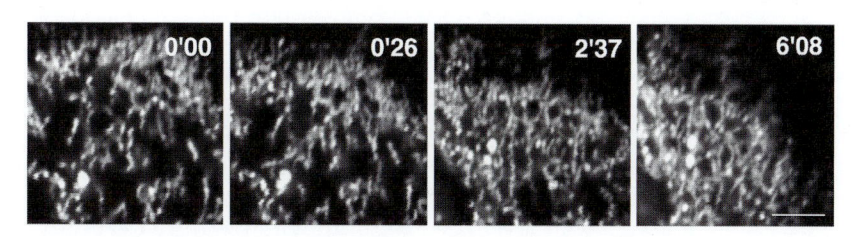

第3章 細胞を試験管とした生体分子の機能分析

図4 小胞体ネットワークの細胞周期依存的な形態変化（部分的切断とネットワーク再構築）に関わる2つの膜融合タンパク質複合体の作用機序モデル
（A）M期初期に活性化されるcdc2キナーゼにより，p47のリン酸化が誘起されると，「p97/p47/VCIP135系」複合体が解離し失活する．その結果，小胞体ネットワークは部分的に切断される．小胞体ネットワークの再構築過程は，「p97/p47/VCIP135系」複合体だけでは起きず，まず，「NSF/SNAP系」が，部分的分断されたERチューブ間を細管または小胞を介して接合させた膜中間構造体で連結させる（この中間構造体は，電子顕微鏡観察でのみ検出できる）．続いて，「p97/p47/VCIP135系」が作用し膜中間構造体で連結されたERチューブの完全なthree-way junction構造体（ERネットワーク）に仕上げる．（B）M期細胞質で切断された小胞体ネットワークを，テキスト中の5種類のリコンビナントタンパク質だけで間期の状態のネットワークに再構築させることができた．図右上数字は，リコンビナントタンパク質を加えてからの時間を示す．

研究グループによって明らかにされた[7,8]．われわれも，別のセミインタクト細胞アッセイを利用して，特にM期におけるゴルジ体の「分解」過程が，MEK1およびcdc2キナーゼの2種類のキナーゼにより段階的に分解されることを明らかにしている[9]．このように，最近では，ゴルジ体の細胞周期依存的な形

第1部　細胞のダイナミズム

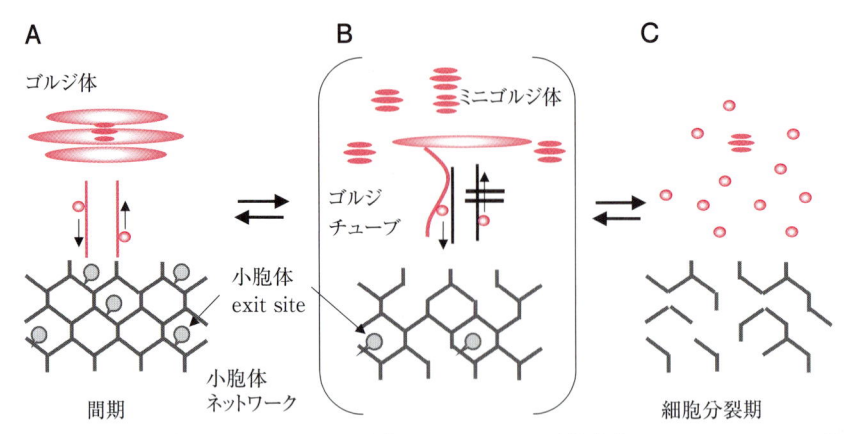

図5　細胞周期依存的なゴルジ体と小胞体ネットワークの形態変化はER exit sitesの形態形成とオルガネラ間小胞輸送と密接にカップルしている：

M期初期において活性化されるcdc 2キナーゼによりp47のリン酸化が誘起される．それを一つの契機にゴルジ体の分解，小胞体ネットワークの部分的切断，ER exit sitesの分解が誘起される．ER exit sitesの分解はER→ゴルジ体間輸送を停止させるが，ゴルジ体→ER間輸送は影響を受けないためゴルジ体のタンパク質・脂質の一部は小胞体に吸収される．小胞化したゴルジ体，切断を受けた小胞体ネットワークは確率論的に2つの娘細胞内にほぼ均等分配される．M期が終わり，2つの娘細胞内ではcdc 2キナーゼの不活化に伴いゴルジ体・小胞体の再構築が起こる．以前より2大膜融合装置については，p97/p47/VCIP135系が同質膜どうしの膜融合現象に関与し，NSF/SNAP系が異質な膜同士の融合現象に関与すると考えられてきた．しかし最近では，このような役割分担は絶対的なものではないことが報告されてきている．実際，ゴルジ体の再構築には「p97/p47系」と「NSF/SNAP系」は並行して膜融合過程を活性化しているが，小胞体の再構築過程解析で得られわれの結果では，「NSF/SNAP系」→「p97/p47系」と両者は段階的に作用していた．おそらく，その後，ER exit stesも再構築されER→ゴルジ体の順行輸送が再開されゴルジ体のコンポーネントがゴルジ体に供給されると考えられる．

態変化は，細胞分裂時に伴う受動的なオルガネラの形態変化ではなく，むしろ複数のキナーゼに制御された細胞周期を正確に制御するための能動的なイベントであると考えられている[10,11]．われわれも，セミインタクト細胞アッセイを用いたゴルジ体形態変化に影響するキナーゼの網羅的アッセイを進めている．

　次の発見は，cdc 2キナーゼによるp47のリン酸化が小胞体やゴルジ体の形態変化に止まらず，小胞体→ゴルジ体間タンパク質小胞輸送の制御に深く関わっていたことである．小胞体ネットワーク膜上には，ER exit sitesというリ

ボソームが結合していない膜ドメインがある．ここは，ゴルジ体へ輸送されるタンパク質が輸送小胞（COPII 小胞という）に積み込まれる特殊な膜ドメインである．われわれは，セミインタクト細胞内で可視化された ER exit sites が M 期細胞質存在下で分解し，その原因が cdc 2 キナーゼ依存的な p47 のリン酸化によるものであることを発見した[12]．また，この膜ドメインの分解によって，M 期における小胞体→ゴルジ体のタンパク質小胞輸送は完全に停止した．これにより，M 期に小胞体からのタンパク質輸送が停止するという以前からの観察結果をうまく説明できた．

　最終的には，セミインタクト細胞アッセイを駆使した解析結果と最新の知見を総合的に解析することにより，小胞体・ゴルジ体の形態形成制御機構および両オルガネラ間の小胞輸送が cdc 2 キナーゼ依存的な p47 のリン酸化を中心としたタンパク質ネットワークにより巧妙に制御されていることが明らかになった（図 5 の説明に詳述）．

3　セミインタクト細胞アッセイの今後

　セミインタクト細胞アッセイは，生体イメージングの結果の検証に必須のアッセイ系である．可視化技術が急速に進み，細胞内の様々なタンパク質ダイナミクスや反応が可視化解析され始めている．これからも多くの可視化法やそのためのプローブが開発されるだろう．しかし，今こそ心に留めておかねばならないことがある．どのような可視化法も「真のタンパク質の動態や生命現象を見ている」保証はどこにもない．それらを検定する良好な方法がないからである．セミインタクト細胞アッセイは，「可視化し，解析（予想）した」メカニズムを「検定」できるほとんど唯一の細胞アッセイ系であり，今後の生体イメージング科学では必須の実験系である．

　セミインタクト細胞アッセイは，細胞形態を保持した素過程解析に優れた実験系である．本アッセイ系は複雑で協奏的に起こる生命現象を，形態学的に生化学的に素過程に分割し，それぞれの素過程を制御するタンパク質の機能を解析・検定できることが特長である．ここで紹介した 2 大膜融合タンパク質複合体の細胞内機能検定は，オルガネラや細胞骨格等のトポロジー保持環境でなく

てはその機能を検定できない好例である．

　セミインタクト細胞アッセイは，汎用性の高いアッセイ系である．このアッセイ系は，第2節の（1）〜（4）のスキームに沿って実験を進めていけば様々な基礎生物学的課題に応用できるだけでなく，細胞を利用した薬物スクリーニングや病態診断システムなど，創薬・診断支援システムとしても応用が期待できる．しかし，細胞アッセイ系であるためその再現性の向上も強く要求されている．このため，われわれの研究室では，「誰もが使える再現性の良いセミインタクト細胞アッセイ」系の構築を目標として，「セミインタクト細胞チップ」の作製とそれを利用したハイスループットスクリーニングシステムの開発を行っている（詳細はHP参照，http : //bio.c.u-tokyo.ac.jp/labs/murata/contents/）．セミインタクト細胞調製やアッセイに関して私の研究室が培ってきたノウハウをプログラム化し，各操作をロボット化することでセミインタクト細胞アッセイ全体の再現性を向上させることを目指している．現在，このセミインタクト細胞チップとアッセイロボットの性能を，糖尿病や動脈硬化に関わる細胞質因子やキナーゼの網羅的解析をターゲットとして研究開発を進めている．

　そのスクリーニング系構築の際に重要視していることがある．それは，人間の目によるスクリーニングである．人間は，目視により細胞・オルガネラの形態変化やタンパク質やmRNAの分布変化などの空間情報を瞬時に識別する能力をもっている．われわれはその直感をうまく利用できるスクリーニング系を開発できないかと思っている．細胞内の多様な生命現象（形態だけでなく，いろいろな細胞内反応）を一定のコントラストを付けて可視化し，人間の目で「見て」直感し，直感から導かれた仮説をセミインタクト細胞アッセイ（細胞内操作し）を駆使して素過程に分割し解析・検定する．最終的には，協奏的に起こる細胞内現象を素過程解析データを基に生体シミュレーション技術などを利用してタンパク質ネットワークの動態変化として理解したいのである．「見ることで終わるのではなく，見ることから研究を始めるのである」

参考文献

[1]　Kano, F., Takenaka, K., Murata, M.（2006）in *Methods in Molecular Biology*（X. Johne Liu ed.）, pp.357-365, Humana Press
[2]　加納ふみ・村田昌之　（2005）実験医学，**22**, 2307-2311
[3]　Shorter, J., Warren, G.（2002）*Annu. Rev. Cell. Dev. Biol.*, **18**, 379-420
[4]　Du, Y., Ferro-Novick, S., *et al.* （2004）*J. Cell Sci.*, **117**, 2871-2878
[5]　Kano, F., Kondo, H., *et al.* （2005）*Genes to Cells*, **10**, 989-999
[6]　Kano, F., Kondo, H., *et al.* （2005）*Genes to Cells*, **10**, 333-344
[7]　Uchiyama, K., Jokitalo, E., *et al.* （2003）*J. Cell Biol.*, **161**, 1067-1079
[8]　Uchiyama, K., Jokitalo, E., *et al.*（2002）*J. Cell Biol.*, **159**, 855-866
[9]　Kano, F., Takenaka, K., *et al.* （2000）*J. Cell Biol.*, **149**, 357-368
[10]　Sutterlin, C., Hsu, P., *et al.* （2002）*Cell*, **109**, 359-369
[11]　Hidalgo Carcedo, C., *et al.* （2004）*Science*, **305**, 93-96
[12]　Kano, F., Tanaka, A.R., *et al.* （2004）*Mol. Biol. Cell.*, **15**, 4289-4298

第4章

1細胞で全体の機能を見る
―オンチップ・セロミクス計測―

安田　賢二

　生命は，多くの階層からなっている．この階層を大きなほうから簡単にあげれば，「個体」「臓器」「組織」「細胞」「細胞内小器官」「分子」である．従来的な分析のアプローチは「細胞」の塊としての「組織」や「臓器」に対する生化学的な分析を主としてきた．つまり，ある薬品の効果，または細胞内の物質の役割は，「細胞」の塊である「組織」または「臓器」に対する効果または役割を測定することで分析してきたのである．これに対して，「1細胞」を軸にした分析的なアプローチと構成的なアプローチを組み合わせて，ある薬品の効果，細胞内の物質の役割，さらには細胞の集団としての効果を解明しようという試みを今われわれは進めている．この章では，オンチップ・セロミクス計測とわれわれがよんでいるこの新しい手法を紹介するとともに，既存にない多くの手法の確立とともに構築中のこの手法を用いた研究例：心筋細胞拍動ネットワークを紹介する．従来の方法に比べて，より物理的な手法であるこの新しい研究手法の有用性が理解いただけると思う．

はじめに

　ゲノムプロジェクトの研究の重要性は，要素要素の素過程だけを見るのではなく，その素過程の連携として生命システムがどう構築されているか，生命の全体像をトータルに理解しようとするアプローチである．これは，生命がもつ情報の全体のセットを集積し，生命現象を構成する素過程の連携をネットワークとして網羅的に理解するという，全体情報セットの網羅的解析法（バイオインフォマティクス）というひとつの流れの方向付けをしたという点で意義のあることであった．しかし，生命の情報というのは，決して先天的遺伝情報であるゲノム情報だけで決定されるものではない．もう1つ，後天的に環境との相互作用で柔軟に変化し，また，その履歴の違いで異なる値となりうる柔らかい情報，後天的獲得情報というものの存在なくしては生命の理解は難しいと考えられる．それはちょうど，コンピュータの中にロードされてプログラムがどう動くのかを規定するために動的に変わるメモリースイッチやパラメータのようなものである．それがどういう値をとっているのか？どのような値をとることが許されているのか？どのようにして情報は獲得され保持されるのか？どのような条件で情報を消すことができるのか？たとえば，このようなことを知ることがわれわれの考える後天的獲得情報の理解なのである．今の情報生命科学の流れは，さまざまなゲノムプロジェクトによって前者の先天的遺伝情報（ジェネティック・インフォメーション）は測れるようになってきた．しかし，これから進むべき後者の後天的獲得情報（エピジェネティック・インフォメーション）をどう測っていくか，この計測技術，手法を開発して実際に測ってゆくことが大きな課題になると考えられる．本章では，われわれの後天的情報の解析アプローチを紹介したい．

1　オンチップ・セロミクス計測——細胞を出発点とする構成的/再構成的アプローチ

　後天的獲得情報を理解するためには，従来の生命科学の計測手段にない，新しいアプローチが必要となってくると考えられる（図1）．たとえばゲノムの理解を基盤とした生命の理解のアプローチは，簡単に述べればDNAに記録さ

れたゲノム情報の理解，つぎに実際に発現している遺伝子（mRNA）や発現抑制因子（RNAiなど）の定量的解析，そしてタンパク質の定量的解析と細胞内（外）分布などを理解してゆくという流れとなる．

遺伝子を構成しているDNAのATGCの4種類の塩基の任意の連続した鎖には，mRNAに転写されたときに3個ずつ連続した塩基の組合せからなるコドンという情報単位が書き込まれている．そして，細胞内でこのコドンがアミノ酸の配列に一意的に翻訳（発現）される．このアミノ酸配列は一意的にタンパク質の立体構造を決め，このタンパク質の立体構造，「かたち」が機能を担っているという，この1対1対応の翻訳の流れを，われわれはセントラルドグマとよんでいる．このDNAからタンパク質の機能までは非常にきれいな1対1の対応関係があるため，この変換機構について比較的容易に研究が展開できた．

ところが，これより高次の段階である細胞レベルでの理解には，これまでのアプローチとは異なる非常に大きな障壁がある．すなわち，細胞膜という外界と内界を区切る境界面ができたとき，そのときに細胞ははじめて，外界の変化に対して独立に動くことが可能な細胞内への動的情報の蓄積を可能にする個体が生まれたのである．そして，はじめて後天的な情報が外界との相互作用によって決定され，これが細胞内に保持され，さらにその保持された情報が世代間で伝承される，世代間での動的情報の伝承という機能を備えるようになったと考えられる．

このような生命システムを理解するためには，実際には，分子自体の機能の理解だけでなく，これに加えて，その分子がシステムの中で何をしているのか，時間的・空間的配置・集団効果などの機能と役割を実際に確認しなければならなくなっているのである．そのため，後天的情報を測るのであれば，スタートラインはDNAやメッセンジャーRNA（mRNA）ではなく，後天的情報を保持できる細胞から測るべきであると考えている（図1）．

いままでの方法論は，たとえば生き物がある病気や変化，習慣などをもたらしたとすると，その変化の原因を特定の分子，あるいはその修飾であると仮定して，分析的に理解していこうという流れ（分析的アプローチ/還元的アプローチ）が主流となっている．このアプローチ方法は，実は，現状のプロテ

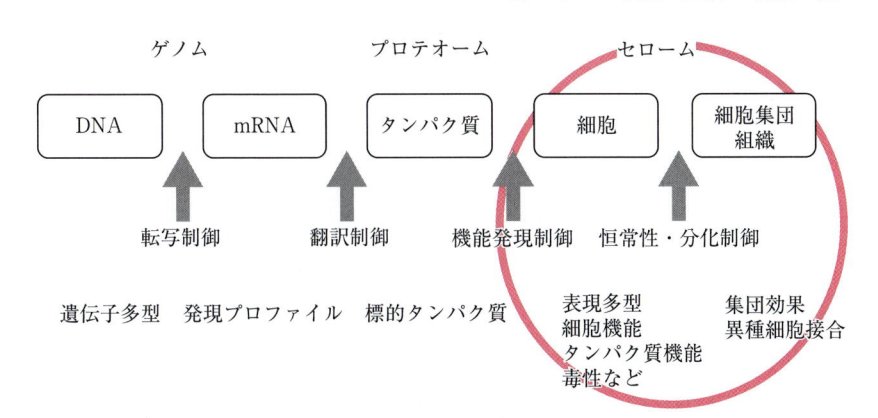

第4章 1細胞で全体の機能を見る

```
   ゲノム              プロテオーム           セローム
┌──────┐      ┌──────┐      ┌──────┐      ┌──────┐      ┌──────┐
│ DNA  │      │ mRNA │      │タンパク質│      │ 細胞 │      │細胞集団│
│      │      │      │      │      │      │      │      │ 組織 │
└──────┘      └──────┘      └──────┘      └──────┘      └──────┘
     ↑            ↑            ↑            ↑
  転写制御       翻訳制御     機能発現制御   恒常性・分化制御

 遺伝子多型   発現プロファイル  標的タンパク質   表現多型        集団効果
                                          細胞機能       異種細胞接合
                                          タンパク質機能
                                          毒性 など
```

図1　DNA から細胞，細胞集団へ：生命の階層構造

オーム解析の問題解決法を構築する上での基盤となっている．しかし，この方法では，その状態で存在する物質の全体としての分布（マーカー）を見いだすことはできても，これらのうちで何か原因となる分子で，何か結果として生じた物質なのかという，時間的因果関係が特定できるような分析的な理解を行うことが難しい．力学的にいえば，物質のセットの座標はわかっても，その各運動量を知ることができないのである．本質的にある後天的情報の変化がなぜ起こるかということを知るためには，本当にその分子が決定的な因子なのか，それとも単に副産物として生まれたものなのか区別する必要がある．しかし，何が必須因子であるかを知るためには，上記のような還元的なアプローチだけでは不十分であり，すでに構成物としてあった要素の意味をひとつずつシステムに加えていってその効果を検証する構成的（再構成的）なアプローチ，つまり逆方向の流れを加えていかなければならないのである．

　自然界に存在する個体・組織を分析する還元的アプローチだけではこのような条件はわからないのである．ところが，素性が完全にわかった細胞から人工的に組織や臓器を作り出していけば，あるいは状態を完全に制御した細胞ネットワークの中に何かを加えることで，本当にそれが必須なのか，あるいはどれぐらいの個数がたとえば集団として情報を保持するには必要なのか（集団効果：コミュニティ・エフェクト）わかるのである．これを知るために，われわれは，具体的に，細胞を基本構成単位として，（細胞ならではの）世代間の伝

承を含んだ時間的状態の発展の中に隠された情報を見る時間的観点と，細胞種，数，空間配置の構成などの空間的観点から，構成的アプローチを用いて理解してゆくこととした．

上記，細胞をスタートラインとする構成的研究のためには，以下の3つの技術を開発する必要がある．すなわち①細胞を精製する技術，そして，②上記，時間的・空間的観点から細胞の持つ情報を解析する培養技術，そして，③（元来，個体レベルで定義されていた「表現型」という識別概念を，細胞内の状態を1細胞レベルで定量的に定義することが可能な）細胞内状態の定量的解析技術を開発する必要がある．特に，細胞の表現型を理解するためには，より詳細に，厳密に，1つ1つの細胞を定義する必要があるため，第3の技術，細胞内状態の定量的解析技術の開発は非常に重要である．なぜなら，この細胞はどういう細胞なのか，単に一部の抗体マーカーで測るだけでは，細胞の機能がどこまで相同性を持っているのか，あるいは中の状態がどうなっているのか，これが1細胞単位でわかることはできないのである．今までのように，複数の細胞の塊から得られた結果を細胞数で割ったものでは，本当に各細胞の内部状態が違うリズムで振動しているだけでも，平均値のデータは何の状態を反映しているのかまったくわからなくなってしまうのである．特に「遺伝型」の理解から「表現型」の理解へと進むとき，われわれはこの1細胞ベースの分析技術の開発の必要性を強く意識しなければならないと考えている．

このように1細胞を単位として，生命を再度，組み立て直して理解していこうというのがわれわれの取っている考え方である．このように細胞からより複雑なシステムを一階層ずつ組み上げてゆく流れ，これをわれわれは「オンチップ1細胞培養技術」とよび，逆にこの1細胞の「表現型」同定する技術を「オンチップ1細胞発現解析技術」とよんでいる．われわれの研究は，言い換えると，「表現型を同定した1細胞から細胞集団を再構成することで，組織・臓器モデルがチップ上に本当に作れるのか？作るために必要な条件とは何か？」という問いかけに答えることがテーマなのである（図2）．

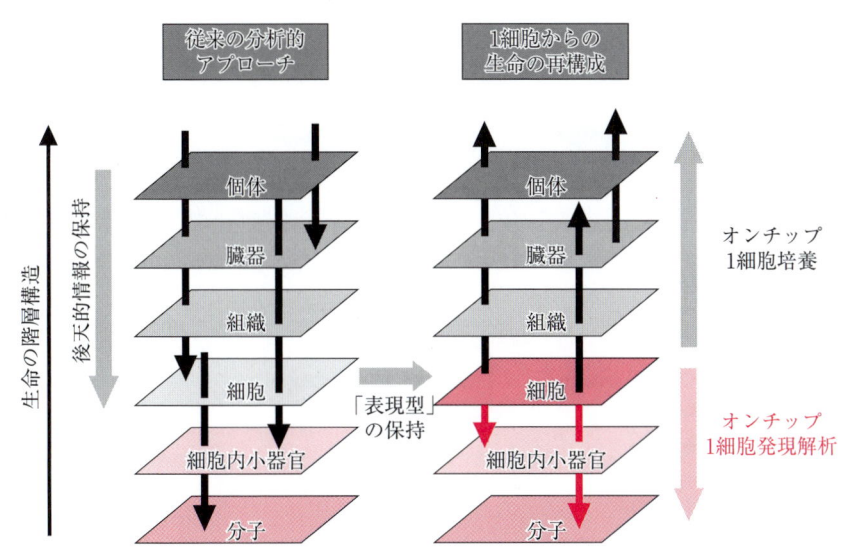

図2 「1細胞」を軸にした分析的アプローチと構成的アプローチの組合せ：オンチップ・セロミクス計測

2 解析のためのストラテジー

それでは，実際に後天的情報を理解するための技術開発は，どのような具体的方法で臨めばよいのであろうか．そのような方法を実現するためにはどういう戦略で技術を作ればよいのか，既存の手法の問題点を述べた後に，われわれのストラテジーを紹介する（図3）．

2.1 既存の手法の問題点（1）：細胞株（セルライン）を使う方法の限界

たとえば，細胞をスタートラインにした生物の研究には長い歴史がある．その中でも，現在，確立しているのは，細胞株を使うという考え方である．細胞株は，人工的に特定の臓器細胞をがん化させたもので，これを作ることによって同じ状態をもった細胞を無限に増殖させて，それによって細胞の質や種類をそろえていこうという考え方である．

この方法の問題は，かならずしもすべての細胞に対してこのような（不死化）細胞のセットを用意することができないということと，もうひとつ一番重

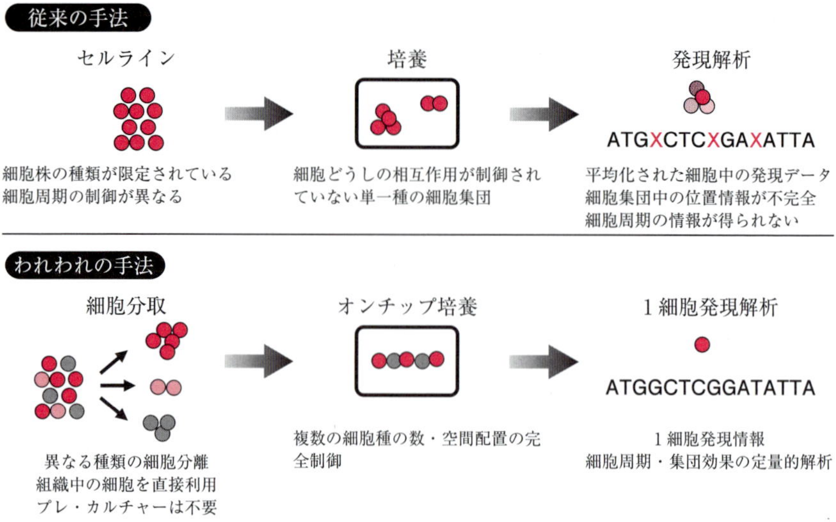

第1部　細胞のダイナミズム

従来の手法

セルライン → 培養 → 発現解析

細胞株の種類が限定されている
細胞周期の制御が異なる

細胞どうしの相互作用が制御されていない単一種の細胞集団

ATGXCTCXGAXATTA
平均化された細胞中の発現データ
細胞集団中の位置情報が不完全
細胞周期の情報が得られない

われわれの手法

細胞分取 → オンチップ培養 → 1細胞発現解析

異なる種類の細胞分離
組織中の細胞を直接利用
プレ・カルチャーは不要

複数の細胞種の数・空間配置の完全制御

ATGGCTCGGATATTA
1細胞発現情報
細胞周期・集団効果の定量的解析

図3　既存の計測とオンチップ・セロミクス計測の比較

要なことは，これががん化した細胞であるということである（がん化した細胞の特徴は，細胞が同じ細胞として無限に増殖してゆき，周りの細胞とのコミュニケーションをとらないことなのである）．そして，細胞の内部状態は，正常細胞のもつ状態を反映はしていない可能性が高い．すなわち，周囲の細胞が抑制をかけても，細胞株はその状態を，周囲の細胞との相互作用で決めるのではなく，自分自身の内部状態のみで決めてゆくのである．いわゆる唯我独尊であって，細胞組織という1つの集団の中にあってお互いが協力し合ってコミュニケーションしているものではない，ということなのである．このような条件下では，集団効果などの細胞集団ならではの効果は現れない．また，多細胞生物とは，単一種類の細胞が集団をつくっているのではなく，細分化された異種細胞が役割分担を協調しながら機能を果たしてゆくという実際の姿を考えると，単一種類の細胞を用いて培養している既存の計測技術の状態は，現実の生命システムのモデルからは程遠いものであることがわかる．このことから，はたしてこれが，先ほど述べた人工的に細胞集団から組織や臓器を作っていくときに最適のサンプルか，という疑問が生まれる．その意味でわれわれは，細胞株を後天的情報を理解する研究で使うことについて否定的に考えている．

2.2 既存の手法の問題点（2）：細胞培養の課題

次に，細胞培養が従来の方法ではどうなっているかを説明する．基本的には単一種類の細胞をランダムに培養するだけという手法が採用されている．そして，細胞の数あるいは細胞間の相互作用，空間配置などは従来の分散培養法では一切コントロールされていない．このことは，細胞の集団効果がデータの安定性に寄与するとすれば，測定データがばらつく原因となる．なぜなら，多細胞生物というのは，役割分担をした細胞同士がコミュニケーションをして，ある特定の機能を実現しているはずだからである．したがって，組織・臓器モデルを構築するには，それぞれの細胞が役割分担をして，相互に連携をすることで機能を実現するための配置・集団の効果を考える必要があるということなのである．1種類の細胞が1個だけで機能しているということはまずない．現状の培養では無視している細胞集団のコミュニティサイズは非常に重要であると考えている．

2.3 既存の手法の問題点（3）：細胞内状態の分析の課題

さらにこのような細胞あるいは細胞集団を使って細胞内の状態，発現状態やタンパク質の機能の分析をするために，得られる結果についていくつかの問題が発生する．すなわち，細胞あるいは細胞集団は各々の状態，あるいは空間配置によって特異的な微妙に異なる反応をしているはずであるが，それがすべて集団の平均値に対しては各細胞がもつノイズとして消されてしまうのである．なぜ消えてゆくかといえば，集団内の各細胞は必ずしも同一の発現をしていないのにもかかわらず，集団ベースで発現解析をするために，これらの空間配置・役割分担に基づいた情報が平均化されるからなのである．これでは，空間配置や各細胞の履歴に特異的に記憶された後天的情報は，すべての細胞が等しくもつ先天的情報（平均的情報）にかき消されてしまうのである．

2.4 いかに既存の手法の問題点を解決するか

そこでわれわれは，これら既存の方法論の問題点を解決するため，以下にあげる一連の新しい方法論を開発している．

(1) オンチップ・セルソーター

まず,厳密に細胞種だけでなく,その状態についても1細胞単位で識別できるセルソーターを用いることで,細胞株を用いなくても,細胞レベルでの解析が可能となる技術が必要である.この技術の最大のポイントは,既存の液滴分離型セルソーターでは不可能であった細胞培養のための細胞精製機能を実現することである.たとえば,既存のセルソーターは,免疫系の研究,生化学の研究で非常に成果が出たことからもわかるように,1細胞で生化学測定するのではなく,たくさんの同一種類の細胞を集め生化学的分析をすることを目的に作られた装置なのである.ここでは,一般に細胞に対して毒性をもつと考えられている抗体を標識として用いて,標的細胞をその表面抗原の存在の有無で識別・精製している.そのため,細胞は場合によって,大きな損傷を受けてしまう.

われわれは,この細胞の標識についても,DNAアプタマーとよばれるリボザイムに似た抗体と同じ機能をもつDNAフラグメントを用いることで細胞の損傷を防ぐ標識技術の利用を試みている.これであれば,細胞分離後にDNaseなどのDNAだけを分解する物質を加えれば,細胞を傷つけなくても標識を除去できる.さらに,アプタマーには,単なるタンパク質などの存在の有無だけでなく,その構造の違いまで識別できるという報告もあり,たとえば膜タンパク質のリン酸化などによって生じた微妙な形状の変化までも識別できる可能性がある.

次世代の細胞精製のためのセルソーターとは,細胞の状態を単なる「遺伝型」だけでなく「表現型」の違いまでも詳細に確認して,さらに精製後に,その識別標識を除去することで,そのまま無傷で培養できるような細胞培養をするためのセルソーターと考え,上記のような技術を用いることで,細胞培養するためのセルソーターとそのための手法を開発している.

(2) オンチップ細胞培養

次が後天的情報の構成的理解を実現するオンチップ細胞培養である.先に述べたように,ここで重要なのはそれぞれの細胞の相互作用,細胞の数,細胞の種類と空間配置,これらを完全に制御したチップを作ることである.ここで,

われわれは次に述べる「1細胞単位での細胞内状態の解析」をするために，可能な限り二次元平面上に細胞を配置することを目指している．したがって，二次元で配置した細胞ネットワークがどこまで三次元に配置された細胞と同じ状態が実現できるかということを明らかにすることはこの技術を開発するうえで確認しなければならない課題である．二次元での細胞配置では組織と同じ状態の実現が難しいということであれば，三次元での組織・臓器モデルの構築に進んでいくことになると思うが，現在の状況では，二次元での組織あるいは臓器システムをつくろうと試みている．

(3) オンチップ1細胞内状態解析

さて，このような一連の構成的に構築した細胞ネットワークを計測するシステムができれば，それぞれの細胞がもっている応答の時間変化を見ることが可能となる．たとえば神経細胞ネットワークの特定の1細胞だけを電極によって刺激を与えると，基本的にはある1つの細胞が発狂したように興奮している状態を擬似的につくり出すことができる．すると周りの細胞は，その細胞が疲労死しないように，抑制をかけようとする．そのときに周りの細胞は何を発現させ，何を分泌しているのか．これを測ることが生命の中に秘められた細胞間の連携の理解や，応用では創薬に非常に役に立つのである．このような研究をするためには，人工的に状態を変えた特定の細胞の周辺の細胞を特異的に測る必要があるのである．そのために1細胞単位の発現解析ができる状態計測技術を開発しているのである．

2.5　細胞の応答をみる：なぜオンチップか？

これまでわれわれはすべてについてオンチップという言葉を使ってきた．これは「ナノテクノロジーあるいはマイクロファブリケーションの概念（すなわち，時間的相互作用の分子レベルでの制御と，空間のナノオーダーでの制御）があって初めて，1細胞単位で厳密に時間的刺激，空間配置を制御することができる」という気持ちを込めて，現在開発している一連の技術の前に冠している．すなわち，細胞を精製する技術をオンチップセルソーティング，そして細胞培養をオンチップ細胞培養，細胞内状態計測をオンチップ1細胞発現解析と

よんでいる．

そしてこれらの技術が目指している一番大きな目標は，「組織あるいは臓器が，細胞集団をモデルとして作り上げることができるのか，もし可能になるとしたら，そこに隠されているわれわれがまだ知らないルールは何か？」これを知ることがわれわれの具体的な目標なのである．この一連のオンチップ技術を利用して，いろいろな研究を推進しているが（これらについては章末の参考文献を参照していただきたい），紙面に制約があるので，この技術を利用した代表的な例を1つ，次の節で紹介する．

3 オンチップ1細胞培養——心筋細胞のネットワークの拍動同期化ダイナミクス解析

セルソーティングで細胞精製をした後，精製細胞はオンチップ細胞培養システムで培養される．ここで重要なのは，細胞精製も細胞培養も，最少数の細胞で行えるシステムを構築することにある．それは，このオンチップ細胞培養によって，細胞集団に秘められた機能維持のための最小数や構成空間パターンの必要条件を明らかにするという学術的な目的に加えて，それを利用して，個体ベースで行っていた毒性検査や創薬支援，これを細胞集団ベースあるいは細胞上に構成的につくった臓器モデルベースでできるようにするという実用的な目的もある．それは従来，個体レベルで簡単に行うことができない，ヒトの組織，ヒトの個体のモデル系をチップ上につくることができる可能性を秘めているのである．

さて，本節では，オンチップ細胞培養計測の具体例として，心筋拍動細胞のオンチップモデルについて紹介する．**図4**は，実際に2個の心筋拍動細胞をチップ上で培養している光学顕微鏡像である．オンチップ1細胞培養技術では，たとえばこのように心筋拍動細胞を1細胞単位で空間配置を決めて培養することができる．これは，チップ上に薄く寒天（アガロース）を塗布し，この寒天層を細胞を配置したい場所だけ剥離させることで，細胞の位置をチップ上で固定することで培養ができるものである．このチップの特長として，赤外線の集束光を当てるだけでチップ上の特定の場所の寒天層をスポット的に除去することができるので，たとえば一度各細胞を孤立化させておいて，その後に，小さ

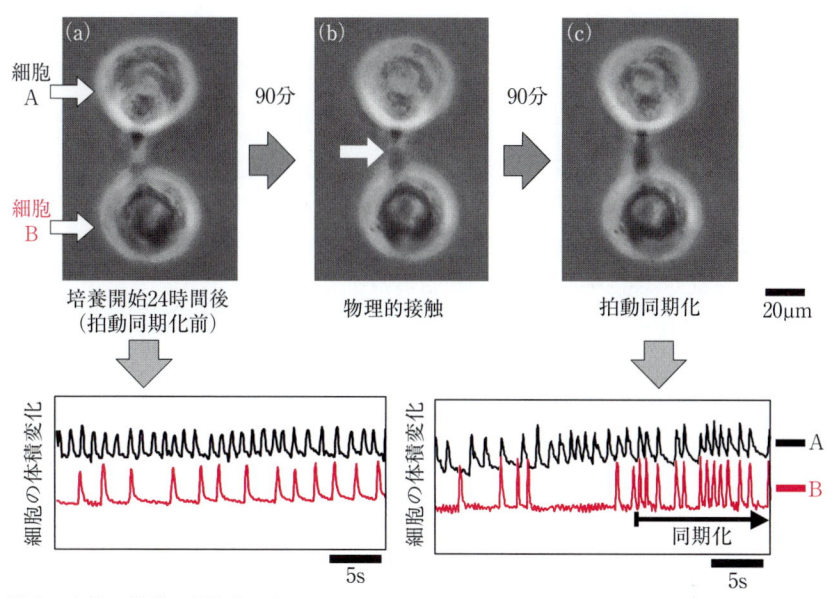

図4　心筋の拍動2細胞ネットワークモデル

なトンネルを追加工して作製することで，2細胞をつなぐことができる．2細胞がつながる前（**図4a**）は，それぞれの細胞はグラフ（a）のような拍動パターンをもっている．それから，細胞体自体は通過できない細いトンネルを2つの細胞の仮足が互いに伸びて接触する（**図4b**）．さらにこれから90分経つと（**図4c**），互いに異なる拍動をしていた2つの細胞が，ある瞬間から一方の細胞の拍動のみとなり他方の細胞の拍動は見かけ上止まる．そして，さらにしばらく経ったある瞬間から拍動が同期するようになる（グラフ（b））．そしてこれから完全に2つの細胞の拍動は同期する．このように同期のダイナミクスを実際に見ることができるのも1細胞単位で段階的につなげていくこの技術を用いたためである．

　また，この技術を用いることで，細胞の集団効果を計測することも可能である．たとえば，細胞集団のサイズを1細胞から増やしてゆき，3個の拍動同期，4個の拍動同期，9個の拍動同期を計測して，拍動同期の安定性を見るという比較解析をすることができる（**図5**）．これで見ると，細胞のネットワークサイズが大きくなると，拍動同期の安定性もどんどん高くなり，最終的には

59

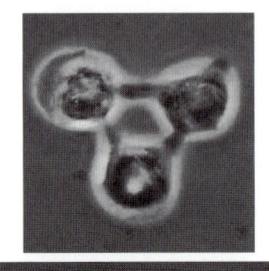

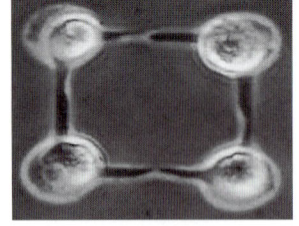

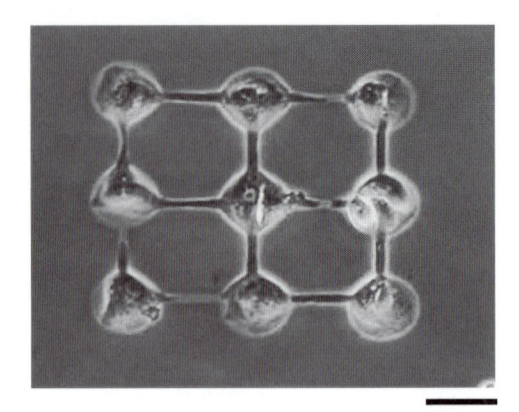

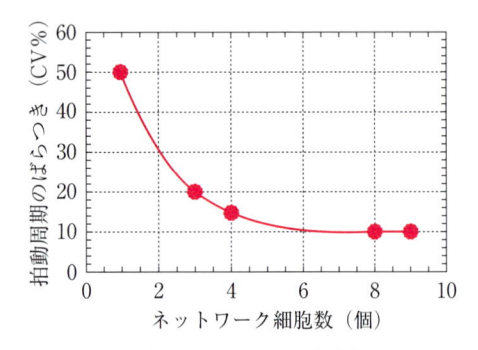

図5　心筋の3細胞，4細胞，9細胞拍動モデルと拍動安定性

個体の心臓と同じ10%程度の拍動揺らぎに絞り込まれてくることがわかる．

　このことは細胞がわずか数個のネットワークを構築することで，拍動が個体レベルと同程度まで安定化することを示唆しており，この最小細胞数の心筋ネットワークが心筋組織拍動モデルチップとなると考えている．実際に，個体の心臓に対して拍動異常（QT延長）が生じることが知られている薬剤を，このモデルに投与すると，個体と同程度の薬剤濃度で実際に拍動異常がはっきり確認することができる．また，この薬を除去すると，この拍動異常が元の正常拍動に戻る．このようにチップ上に細胞ベースでのコミュニティ・エフェクトを理解して臓器モデル，組織モデルを作ることができれば，今後，このモデルを

用いて薬剤の影響を解析できる可能性がある．

まとめ

　このように，生命の理解は，還元論的な立場に立つ従来の生化学的理解，遺伝情報の理解に加えて，より物理的手法である，構成的アプローチを用いた精密で動的な情報の理解の段階に進みつつある．本章では，後天的獲得情報の理解へと進んでいる生命科学の研究の中で，新しい（再）構成的アプローチ法としてわれわれが開発しているオンチップでの研究手法についての概念と，例として心筋細胞拍動ネットワークについて紹介した．

参考文献

［1］　Inoue. I., Wakamoto, Y., Moriguchi, H., Okano, K., Yasuda, K.（2001）*Lab. Chip.*, **1**, 50-55
［2］　Moriguchi, H., Wakamoto, Y., Sugio, Y., Takahashi, K., Inoue, I., Yasuda, Y.（2002）*Lab. Chip.*, **2**, 125-30
［3］　Wakamoto, Y., Umehara, S., Matsumura, K., Inoue, I., Yasuda, K.（2003）*Sens. & Actuat. B*, **96**, 693-700
［4］　Kojima, K., Moriguchi, H., Hattori, A., Kaneko, T., Yasuda, K.（2003）*Lab. Chip.*, **3**, 299-303
［5］　Hattori, A., Moriguchi, H., Ishiwata, S., Yasuda, K.（2004）*Sens. & Actuat. B*, 2004, **100**, 455-462
［6］　Yasuda, K.（2004）*J. mol. recognit.*, **17**, 186-193
［7］　Yasuda, K.（2004）*in* Lab-on-Chips for Cellomics（ed. Helene Andersson and Albert van den Berg）, Kluwer Academic Publishers, Netherlands. pp.225-256
［8］　Takahashi, K., Hattori, A., Suzuki, I., Ichiki, T., Yasuda, K（2004）*Journal of Nanobiotechnology*, **2**, 5
［9］　Ayano, S., Noma, S., Taguchi, H., Yoshida, M., Yasuda, K.（2004）*Jpn. J. Appl. Phys.*, **43**, L1429-L1432
［10］　Wakamoto, Y., Ramsden, J., Yasuda, K.（2005）*Analyst*, **130**, 311-317
［11］　Suzuki, I., Sugio, Y., Jimbo, Y., Yasuda, K.（2005）*Lab. Chip.*, **5**, 241-247

[12] Kojima, K., Kaneko, T., Yasuda, K. (2005) *Journal of Nanobiotechnology*, **3**, 4

第5章
器官形成研究の新たな展開

浅島　　誠
岡林　浩嗣

　われわれ人間の体は，およそ60兆個の細胞からできている．髪の毛や皮膚のような外側を覆う部分だけでなく，体の中で機能している胃や腎臓や肺などの器官も含めて，あらゆる部分が細胞の集まりだ．もちろん細胞と一口に言っても，その細胞の働きや存在する場所によって，それぞれに異なる多種多様な構造と機能をもっている．人間を含むすべての多細胞生物も，最初はたった1つの細胞，受精卵である．発生が進むに従ってこれが分裂を繰り返し，様々な種類の細胞が生まれ，複雑きわまりない体の構造をつくり上げる．これはとても不思議な，興味深い現象であり，1世紀以上も数多くの人々がこの謎に挑み，発生生物学という分野をつくり上げてきた．
　単純な単一の状態から多様な細胞集団がどうやって生まれるのか？ それらの細胞がどうやってお互いに連携し合って機能し，組織・器官・個体が形成されるのか？　このような疑問に答えるための新たなアプローチとして，私たちは独自に開発した生体外での器官誘導系を用いることを提案する．再現性があり検証可能なこの実験系に数理モデルをあてはめることで，器官形成のメカニズムを総合的に理解することができるに違いない．

第1部 細胞のダイナミズム

はじめに——器官形成研究における新たなアプローチ

　生物の構造には階層性がある．たとえば，多種類の「細胞」が集合して機能的な構造をもつことで「組織」ができる．さらに異なる機能をもつ複数の組織が組み合わさることで「器官」が形成されている．器官は一連の「器官系」として個体の生存にとって必要な機能を受け持ち，これらの相互的な調節による恒常性の維持が，生物の「個体」としての統一性の基盤となっている．これらの階層性をもったシステムが，たった1つの細胞から始まり，連続的な分裂と分化を経て形成される．このような現象を理解することは，生命の本質に迫る上でも不可欠な作業である．

　発生生物学の研究は一般に，まず発生における様々な現象を観察することから始まる．観察された結果を体系的に記述し，そこで起きている現象の因果関係を様々な実験によって調べ，「体の形作りのメカニズム」を明らかにしようとするものである．生物の発生についての知的な考察の歴史は古く，アリストテレスの時代までさかのぼることができる．その後19世紀に至るまで，発生生物学においては博物学的な知識の蓄積と，その体系的な分類に重点が置かれていた．しかし19世紀末頃から，生物の発生に実験的な操作を加えて発生のメカニズムを探る「実験発生学」的な手法が始まった．これは胚に人為的な操作（インプット）を加えてその結果（アウトプット）を解析することによって，「ブラックボックス」としての生命システムの中身を明らかにしようとするものである．このような新たな方法論の導入は，生命科学の発展にとって必須の役割を果たしてきた．たとえば，生物の発生（胚発生）においては，異なる種類の細胞集団の間の相互作用によって一方の細胞集団が特定の組織へ分化する現象を「誘導」とよぶ．この「誘導」という現象の発見も，胚の操作による実験生物学的なアプローチの成果の1つであった．

　これまで約1世紀の間に，様々な種類の動物を対象として，発生学的研究が行われてきた．その結果，種を超えた発生のメカニズムについての全体像が次第に明らかになりつつある．特にこの15年ほどの飛躍的な進展には目を見張るものがある．その大きな要因の1つは分子生物学的なアプローチが可能となったこと，つまり，生命現象を「分子のことば」で理解することができるよう

になったことであろう．分子生物学的な方法論では，階層的な発生のメカニズムにおける解析の単位としておもに細胞に着目する．この方法では，胚発生を細胞の持つ「ゲノム情報の翻訳調節」と「遺伝子産物の働き」へと還元して考えることができる．つまり胚発生における遺伝子の働きを調べ，それらを総合することによって個体全体の生命システムを理解しようというアプローチである．

しかし本章では，われわれ独自の実験系を基にした新たな方法論について述べたい．われわれの新たな方法論とは，これまでの手法とは違い，人為的に生体外（*in vitro*）で器官形成を再現し，器官を「創る」というアプローチである．さらにこれを数理モデルと組み合わせることによって，新たな知見を得ることを目的としている．つまりこの方法論では，あえて *in vitro* での器官誘導によって再現した器官形成に着目し，これを正常発生における器官形成のモデルと見なす．そしてそこに法則性や傾向性を見いだすことによって，これまでの方法では得られなかった新たな視点を獲得することが期待できる．この手法の利点は，以下の3点にまとめられる．

実際の生体における発生では，われわれがすでに知っている因子や環境だけでなく，様々な要因が細胞に影響を与えていると考えられる．人為的な器官・組織誘導系を用いると，特定の物質や培養環境の変化がその誘導系に与える影響を明確に，かつ再現性良く観察することができる．すなわち，生体内とは異なる環境であることをうまく利用し，不確定な条件に基づく「ノイズ」を排除できるという点が第一の利点である．

また，このような誘導系を基にすれば，モデル化に適した現象を見いだすこともできる．第二の利点は，そのモデルを用いて予測される変化を誘導系にフィードバックすることで，モデルと実際の誘導系との間での検証と修正が容易になるという点にある．

さらに三番目の利点として，このような生体外（*in vitro*）の実験系は，特徴的に発現する遺伝子（遺伝子マーカー）などの発現レベルの違いを分子生物学的手法によって生体内（*in vivo*）の正常な器官発生と比較することができるという点があげられる．したがってこれまでの分子生物学的な解析の手法を補完する手法としても意義があるといえよう．

このようなアプローチは，以下のような点で大変有用である．たとえば，器官や組織の分化メカニズムを簡略化し，モデル化して理解することで，新たな概念，たとえば「分化の程度や方向性を示す指標」を，ある種の関数や変数として想定することも可能となる．このような解析は，分子生物学的な知見の高まりとともに，システムとしての生命を理解する上での重要なツールとして，これからさらに必要とされると考えられる．また，近年注目されている再生医療においては，目的とする器官を確実に，思い通りに作り出す技術の確立が求められている．そのためには，器官形成のメカニズムを総合的に理解し，それを人為的に再現する必要がある．*in vitro* 器官誘導系の開発と解析，そしてそのモデル化は，このような応用を可能にするためにも効果的であろう．

以上の展望を前提として，本章ではわれわれが用いている *in vitro* での器官誘導系について概説する．さらにそのような誘導系を用いて器官形成のメカニズムを数理的モデルとしてとらえる試みについて述べたい．なお，数理モデルの章の内容は本研究室の道上達男博士によるところが大きい．

1 多能性幹細胞を用いた生体外での器官誘導系

1.1 脊椎動物胚における多能性幹細胞

「幹細胞」とは何だろうか．先に，生物の発生にあたっては，1個の細胞である受精卵が分裂し，多様な細胞になると述べた．細胞は分裂するに従って色々な種類の細胞に分化してゆくが，分裂が進むと共に，細胞がその後分化できる細胞種の多様性は少なくなってゆく．つまり，「より多くの種類の細胞に分化できる能力をもった状態」から，「特定の分化方向に決まった状態」へと変化してゆくわけだ．これらのうち，複数の種類の細胞へ分化しうる可能性をもつ細胞のことを「幹細胞」とよぶ．木の太い幹から枝葉が分かれて伸びている様子を思い浮かべてほしい．分化する前の細胞は幹に相当し，そこから様々な種類の細胞が分かれてくるイメージから，幹細胞と名付けられた．幹細胞はまだ分化していない細胞で，多様な分化能力をもつということで，「未分化細胞」または「多能性幹細胞」ともよばれる．

脊椎動物の発生においては，受精卵が細胞分裂を繰り返し，やがて胞胚期

第5章 器官形成研究の新たな展開

アニマルキャップ	胚盤葉上層	内部細胞塊
animal cap	epiblast	inner cell mass

アフリカツメガエル
イモリ
(両生類)

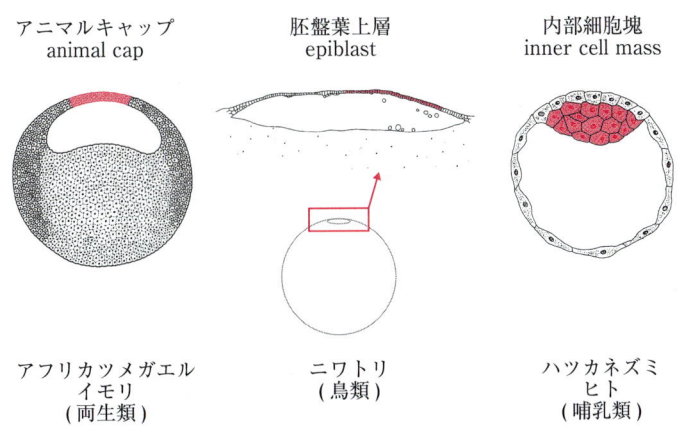

ニワトリ
(鳥類)

ハツカネズミ
ヒト
(哺乳類)

図1　脊椎動物胚における多能性幹細胞の領域
多能性幹細胞の領域は赤で示されている．

（哺乳動物では胚盤胞）とよばれる時期になる．この時期の胚には未分化細胞の領域が存在するが（**図1**），これらの領域は多能性幹細胞として取り出され，in vitro での培養実験に広く用いられている．カエルやイモリなどの両生類胚では，動物極側の「アニマルキャップ」とよばれる部分がこの未分化細胞であり，鳥類では「胚盤葉上層」，哺乳類では「内部細胞塊」がそれである．特に内部細胞塊をシャーレで培養することによって得られる未分化細胞株は ES 細胞（Embryonic Stem Cell；胚性幹細胞）とよばれている．ES 細胞はどのような細胞にも分化できるという点で万能細胞ともよばれる．これらの未分化細胞は再生医療を前提とした研究に用いられるが，すぐに臨床治療へ応用するにはまだ問題が多い．問題点としては，目的とする細胞への分化が完全には制御できないこと，移植における拒絶反応，移植後の癌化の可能性などがあり，これらはまだ解決には至っていない．これらを解決に導くためにも，in vitro における器官形成系の研究の進展が望まれている．

1.2　ツメガエルの未分化細胞を用いた in vitro 器官誘導系

両生類胚は胚の大きさが大きく，顕微手術が容易であり，かつ一度に得られる受精卵の数が多いことから，実験生物学の黎明期から実験に用いられてきた．アフリカツメガエル胚の大きさは胞胚期で直径約 1.2 mm であり，未分

化細胞塊であるアニマルキャップは，実体顕微鏡下で容易に切り出すことができる．さらに，アニマルキャップ細胞塊は単純な塩類溶液で培養することができる．アニマルキャップはそのまま培養すると不整形表皮になるが，培養液に増殖因子やビタミン類など，特定の因子を加えると，その因子の誘導能に応じて特定の組織へと分化することがある．このようなアニマルキャップの反応性を利用した誘導能の試験を「アニマルキャップ・アッセイ」とよぶ．

われわれの研究室ではかつて，アニマルキャップ・アッセイを用い，世界で初めて完全な中胚葉誘導活性をもつ因子としてアクチビンを同定した[1]．中胚葉誘導は内胚葉と外胚葉の相互作用によるものであり，脊椎動物を含む三胚葉性の動物にとって，体の構造を形成する上で必須の現象である．アニマルキャップにおけるアクチビンの活性で特に興味深いのは，濃度依存的に様々な中胚葉組織の誘導が可能な点である[2,3]．アクチビン0.5～1 ng/mL処理では間充織や血球様細胞・体腔上皮を含む腹側中胚葉系組織が分化し，5～10ng/mLでは筋肉に分化し，50～100ng/mLでは最も背側の中胚葉系組織である脊索が誘導される．つまり，アクチビンの濃度に従って低濃度では腹側の，高濃度では背側の中胚葉組織を誘導できるのである．

言い換えると，アクチビン処理による濃度依存的な中胚葉誘導パターンの連続的変化は，実際の生体内における腹側から背側に向かう中胚葉性組織の配置順とほぼ一致している．この結果は，中胚葉誘導におけるアクチビン処理の濃度依存性を，生体内での背腹軸の形成メカニズムのモデルと見なすことができる可能性を示している．

アクチビンによる濃度依存的な中胚葉誘導のメカニズムについては，何らかの遺伝子の働きとして完全に説明されているわけではない．ただし，汎中胚葉マーカーである*Xbra*遺伝子の発現は，アクチビン・ノーダルシグナル伝達系の活性化の程度に従って，増強することがわかっている[4]．このような遺伝子が，アクチビンの濃度依存的な中胚葉誘導能に関わっている可能性は高い．以上のように，遺伝子レベルでの解析と，*in vitro*での誘導現象のモデル化という2つのアプローチで研究を進めることによって，この誘導現象のメカニズムを明らかにできるものと考えている．

さらにわれわれは，アクチビン100ng/mLでの高濃度処理によって，アニ

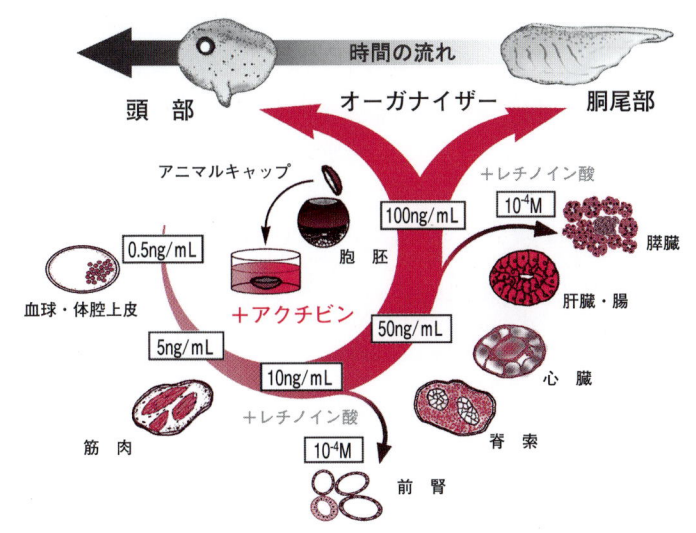

図2　ツメガエルアニマルキャップ細胞へのアクチビン処理による器官誘導模式図

マルキャップが咽頭を含む前方の内胚葉性組織にも分化することを示した．また，ビタミンAの誘導体であるレチノイン酸などの誘導因子をアクチビンと組み合わせて処理することで，アニマルキャップから様々な組織や器官を誘導する系を開発した（図2）[2,3]．例として，それらの中から心臓，膵臓，頭部・胴尾部について以下に概説する．

(1) ツメガエル未分化細胞からの心臓の誘導

アニマルキャップはCa^{2+}/Mg^{2+}を含まない塩類溶液中で簡単に細胞レベルまで解離することができる．これを利用して5〜10個のツメガエルアニマルキャップを解離し，アクチビン100〜1000 ng/mL処理後に再集合させて細胞塊として培養すると，60〜100％の高確率で心臓が形成される[5]．この心臓構造は組織学的にも正常な心臓と同様であり，正常な心臓形成において発現する様々な心臓遺伝子マーカーの発現も見られる．この結果は，アニマルキャップの細胞を解離してアクチビン処理し，培養するという単純な操作が，生体内の心臓原基の誘導を模擬的に再現していることを示している．またこの系においては細胞数に依存して心筋分化の最適条件が決まるという興味深い結果も得ら

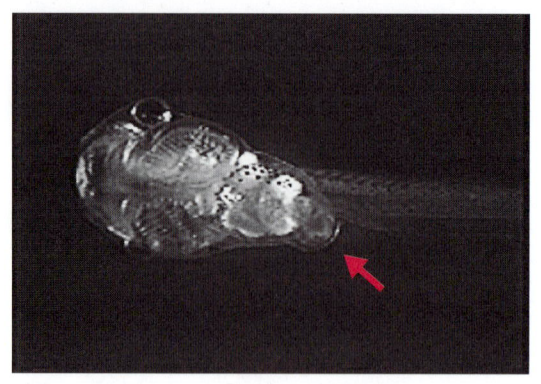

図3　移植により異所的に誘導された心臓（赤矢印）

れている．

　さらにこの系で誘導したアニマルキャップ細胞の再集合体を，正常な胚の心臓原基の領域と交換移植すると，移植されたホスト胚には正常な心臓が形成される．これは，この心臓誘導系が，正常な心臓原基の誘導と同等の効果をアニマルキャップ細胞に与えていることを示している．再集合体を正常胚の腹部へ異所的に移植すると，心臓を2つもったオタマジャクシが発生し（図3），変態後も2つの心臓をもったカエルへと成長する[5]．驚くべきことにこのカエルでは，移植した心臓の周辺には2つ目の肝臓が形成されていた．これは心臓原基の移植によって位置情報が変化したためと考えられる．このような実験によって，器官原基の発生と位置情報の関わりについても理解することができる．また，2つ形成された心臓や肝臓の大きさは正常なカエルのそれよりも小さく，2つを合わせると正常な大きさとほぼ等しいという傾向が見られた．この結果は1つの個体中では必要とされる器官の能力と大きさが必然的に決まることを示しており，これも器官形成に関する重要な知見といえる．

(2)　ツメガエル未分化細胞からの膵臓の誘導

　アニマルキャップをアクチビン100〜400 ng/mLで1時間処理し，さらに5時間後にレチノイン酸10^{-4}Mで処理すると，高い頻度で膵臓の組織を誘導することができる[6]．この膵臓組織にはインスリンを産生する細胞も見られ，さらに膵臓関連の遺伝子マーカーの発現も見られた．この誘導系に用いたレチノイ

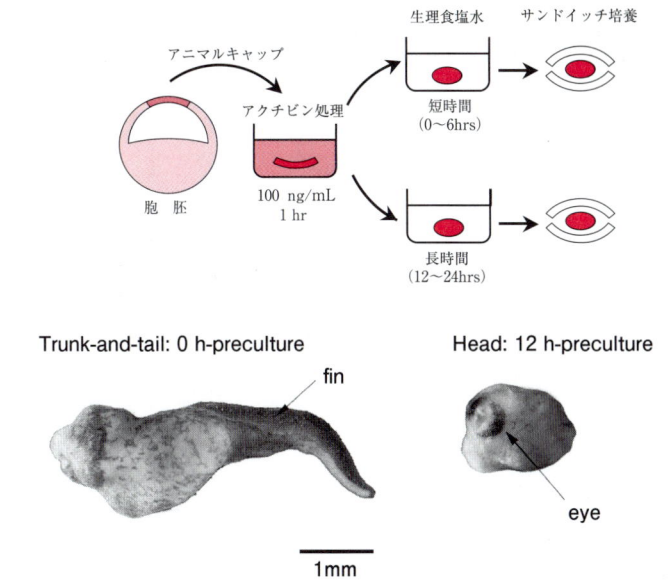

図4 サンドイッチ法による頭部及び胴尾部の誘導
短時間の前培養によって胴尾部が，長時間の前培養によって頭部がそれぞれ誘導される．

ン酸は胚発生において，胚内での位置情報を後方化および側方化する働きがあることが知られている．したがってこの誘導系では，高濃度のアクチビンで処理されることによって前方の内胚葉へ分化し，それがレチノイン酸処理によって後方化することによって膵臓に分化したと解釈できる．この結果は，アクチビンとレチノイン酸の濃度や添加のタイミングを変化させることによって，さまざまな組織を選択的に誘導できる可能性を示している．このような知見の積み重ねによって，器官誘導の適切なモデルが構築できると考えている．

(3) 両生類の未分化細胞からの頭部・胴尾部の誘導系

アクチビン処理したアニマルキャップを2枚の無処理アニマルキャップで挟んで培養する方法（サンドイッチ法）を用いると，幼生の大きな領域を誘導することができる（図4）．たとえば，アクチビン 100 ng/mL で1時間処理したアニマルキャップを短時間（0〜6時間），生理食塩水中で前培養し，無処理のアニマルキャップでサンドイッチ培養すると，尾部構造を誘導することがで

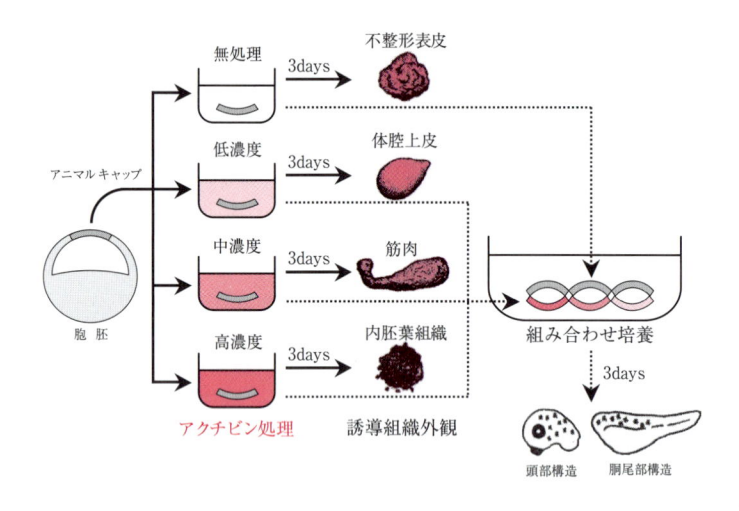

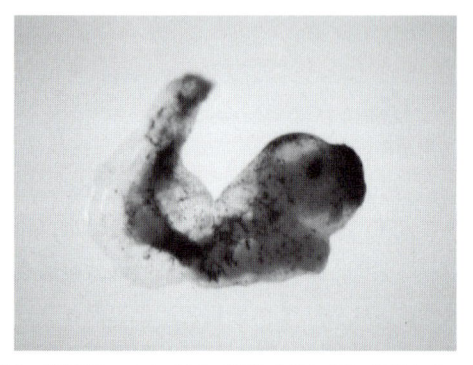

図5 低濃度，中濃度，高濃度のアクチビン溶液でそれぞれ処理したアニマルキャップと無処理のアニマルキャップを組み合わせて培養すると，オタマジャクシ様の幼生を得ることができる．

きる．一方，前培養の時間を長くする（12〜24時間）と，眼を含む頭部構造が誘導される．これらの構造は単に外見だけでなく，内部構造もおおむね正しく配置されている．この結果は，アクチビン処理によっていわゆるオーガナイザー（形成体）［コラム参照］が誘導されていると考えると理解できる．また，アクチビン処理後からサンドイッチ培養までの前培養時間の変化により，胴尾部形成体と頭部形成体の誘導における違いを再現しているとも考えられる．

さらにこの系を組み合わせ，複数の異なる条件でアクチビン処理したアニマ

ルキャップを数種類用い，無処理のアニマルキャップと組み合わせて培養した．その結果，頭部構造と尾部構造を共に有する「オタマジャクシ様」構造が誘導された（図5）．この実験は，未分化細胞にアクチビンを作用させて組み合わせるだけで，胚全体の構造を誘導できることを示している．今後，条件検討を重ねることによって体作りのメカニズムを理解するための良いモデルとなり得るだろう．

> ### コラム
>
> **オーガナイザーと胚発生**
>
> 　胚発生における形態形成を理解する上で欠かせないのが，1924年にSpemann, H. とMangold, H. らの論文によって提唱された「オーガナイザー（形成体）」という概念である．脊椎動物の発生では原腸陥入が体軸形成のきっかけとなるが，両生類胚ではこの原腸陥入時の「原口背唇部」がオーガナイザーとよばれる．オーガナイザー領域を別の胚の腹側へ移植するともう1つの頭部を備えた体軸構造（二次軸）を形成させ，オーガナイザー領域自身はおもに脊索へと分化する．正常発生ではこの領域が最初に陥入してゆくことによって，隣接する外胚葉に神経組織を誘導し，結果的に頭尾軸に沿った体の構造が決定される．オーガナイザーそのものは予定前方内胚葉（Nieuwkoop centerとよばれる）からのシグナルによる中胚葉誘導によって形成されると考えられている．原口背唇部の領域は，陥入の初期には頭部を誘導する「頭部形成体」，陥入の中後期には「胴尾部形成体」とよばれる．ただし，この領域は常に陥入運動を続けているため，陥入直前の状態を考えると前者は背側の最も原口に近い中胚葉領域であり，後者は原口の位置からやや離れた中胚葉領域に相当する．なお，マウスなど哺乳類の発生では，ノードとよばれる領域がオーガナイザーに相当する．このオーガナイザーの発見以降，形態形成における体軸決定に関わる研究が活発に行われることになる．オーガナイザーの発見は，まさに20世紀の実験発生学を代表する輝かしい成果である．

1.3　マウスの未分化細胞（ES細胞）を用いた *in vitro* 器官誘導系

　前項では両生類の未分化細胞を用いた実験系を例にあげ，アクチビンとレチノイン酸による器官形成系について概説した．このような単純な誘導因子の組合せによる器官形成は，哺乳類であるマウスのES細胞の場合にも適用できる

第1部　細胞のダイナミズム

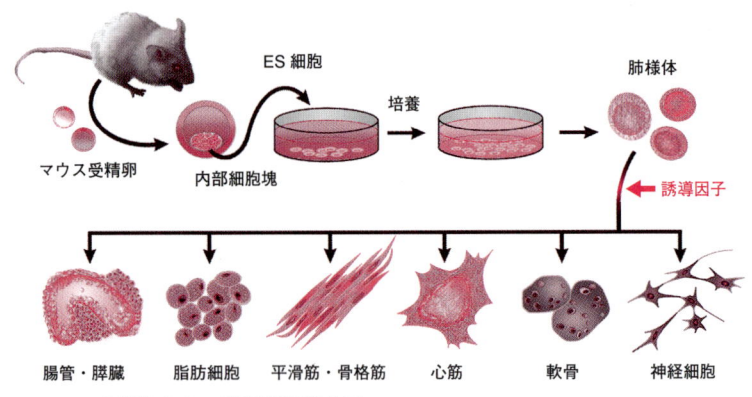

図6　マウスES細胞からの器官誘導模式図

のだろうか．われわれはすでに，アクチビンやレチノイン酸（およびレチノイン酸誘導体）を用いて，ES細胞からも様々な組織を誘導することに成功している．1つの例は心筋の誘導であり，レチノイン酸誘導体を添加することによって心筋の誘導効率が明確に上昇することを確認している[7]．また，アクチビンとレチノイン酸を用いた誘導によって，腸管の一部とともに膵臓の腺房構造が形成されることを明らかにした．生体内での膵臓は腸管と隣接して発生することから，この誘導系は膵臓の正常発生を再現していると考えられる．さらにこの膵臓誘導系では，アクチビンとレチノイン酸の濃度の組合せを変えることにより，膵臓における外分泌腺（アミラーゼを分泌）と内分泌腺（インスリンを分泌）の誘導効率を別々に調節することができる[8]．具体的にはアクチビン10ng/mLとレチノイン酸0.1Mの条件下で外分泌腺細胞が，アクチビン25ng/mLとレチノイン酸1.0Mの条件下で内分泌腺細胞の分化が促進される．特に膵臓形成の研究は糖尿病治療への応用面で期待が高まっており，このような膵臓誘導系の確立は大きな成果であるといえる．その他にも様々な誘導因子を用い，われわれの研究室ではいくつかの組織の誘導に成功している（図6）．

マウスES細胞を用いた*in vitro*での組織・器官誘導の系では様々な組織・器官の誘導が可能だが，ツメガエルの場合とは違った点も見られる．この理由としては，アニマルキャップと違い，ES細胞では培地の添加物として

様々な増殖因子などが含まれている可能性がある他，細胞自身の応答能の違いなどが考えられる．マウスES細胞を用いた実験においても再現性良く，効率の良い誘導系を開発するには，培地の組成や誘導因子の選択などのさらなる詳細な条件検討が必要だろう．

2 数理モデルからのボディパターン形成メカニズムの検討

これまで *in vitro* での器官誘導系について，その概要と展望について述べてきた．これらの器官誘導系をもとに数理モデルを構築するにあたって必要なのは，再現性が良く，数理的に解釈可能な実験系を用いることである．それによって生命システムの一面を明確に示すことができる．したがって，最も結果が明確なツメガエルのアニマルキャップにおけるアクチビンとレチノイン酸の作用を例にして，数理モデル的な解釈を試みたい．

まず，胚発生における形態形成を理解するための理論的なモデル構築の試みとして，よく知られている2つの例をあげよう．初期胚の基本的な位置や方向を決定する体軸としては，背腹軸，前後軸，左右軸の3つがある．1924年のオーガナイザー（形成体）の発見以降［**コラム参照**］，特に背腹軸と前後軸の決定機構について多くの研究がなされてきた．その過程で，体軸の決定機構にせまるべく様々なモデルが提案された．その1つは，山田らによって提唱された重複ポテンシャル理論[9]である（**図7**）．初期胚には2種類のポテンシャル，すなわち背腹ポテンシャル（Pdv）と頭尾ポテンシャル（Pcc）が存在し，それぞれが仮想的な勾配を形成している．初期胚の各部域は，このポテンシャルに基づいて規定されている．また，誘導とは，仮想的な誘導因子がこのポテンシャルを変化させることである，という考え方である．

体軸や器官分化の決定に関しては，別の視点から考えられたモデルとして，Waddington C. H. による「キャナリゼーション・モデル（Canalization model）」（「道づけモデル」あるいは「水路づけモデル」ともよばれる）がある（**図8**）[10]．

このモデルでは，まず初期胚の各部域をボールに例え，分化はこのボールが谷を転がることである，とする．ボールが転がる"谷"は，将来向かう可能性

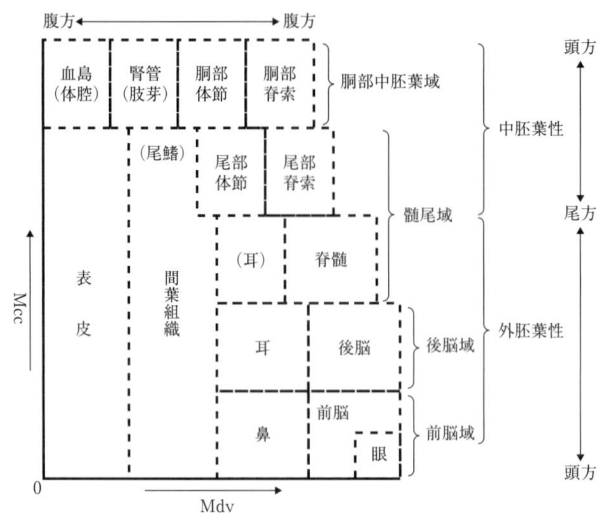

図7 山田による重複ポテンシャル理論（Yamada, 1956）
横軸は背方への誘導（Mdv），縦軸は前後方向への誘導（Mcc）の程度を示す．

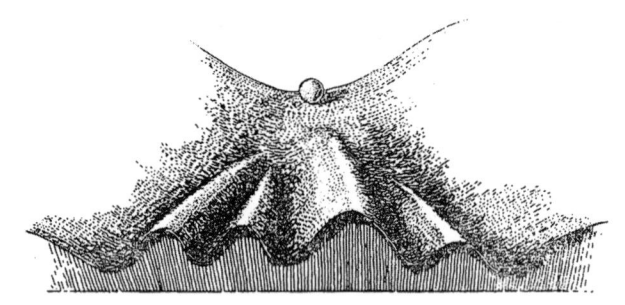

図8 ウォディントンによる「キャナリゼーション・モデル」
（Principles of development and differentiation (C. H. Waddington, 1956) より）

のある分化方向に向かって複数のびていて，ボールがその谷を転がる，というものである．最初は，その溝は浅く，異なる経路をとる可能性が残されているが，分化が決定していくにつれその溝は深くなり，すなわち「水路（canal）」となって道筋を外れることはなくなる．これが分化決定のモデルである．本来のこのモデルが示す意味は，外的要因などに起因する道筋のずれが起こってもそれぞれの部域がうまく折り合ってそれぞれの分化方向が決定されるというものだが，同時にこのモデルは，発生のごく初期においてボール（部

域)は他の分化方向に移動する可能性があるということも示している.

　アニマルキャップ・アッセイを用いたアクチビンによる *in vitro* での器官誘導の実験を解釈する上で,以上2つの理論を結合したいわば「改変キャナリゼーション・モデル」(Modified Canalization model) というものを提案したい (図9). まず,山田モデルをベースとし,「ポテンシャル(分化の程度を表す)」を z 軸に,「背腹方向(山田モデルの Mdv)」を x 軸に,「前後方向(同 Mcc)」を y 軸に設定した3次元空間を考える. さらに,時間変化を第4次元として加える. 次に,この空間にある平面を定義し,この平面をボール(=部域)が転がるとする. この平面は,単純な平面としてとらえるのではなく,時間変化とともに各器官を表す領域に「くぼみ」が生じ,最終的に深い穴に変化するとする. すなわち,最終的な部域の分化決定を「溝の行き着く先」ではなく「穴」として考える. さらに,このモデルではアクチビン処理の強さ(濃度・処理時間など)をボールに加える力と考える.

　さて,まず原点に位置するボール(部域)は未分化状態である. 次に,アクチビン処理の濃度に応じた力を与えられ,相当する位置まで x 軸上を転がる. その間にも,定義された平面は時間変化とともにくぼみが深くなる. 次に,第二の力であるもう1つの誘導物質(たとえばレチノイン酸)による垂直方向の力がボールに加えられ,今度は y 軸方向にボールが転がる. その間にもますますくぼみは深くなり,ボールはある位置でそのくぼみから抜け出せなくなり,最後にはそこに落ち着く. 部域の分化決定がなされた瞬間である.

　このモデルの特徴はおもに3つある. 1つは,Waddington のモデルはボールの転がりに関する詳細な規定ができないが,改変キャナリゼーション・モデルは誘導因子の作用の強さ(ここではアクチビンの濃度)をボールの動かす力として規定できる点である. もう1つは,軸をもう1つ新たに設定する(背腹軸と頭尾軸)ことにより,初期胚のボディパターンを決めるメカニズム(頭尾軸と背腹軸における仮想的な勾配)を簡単にあてはめることができる点である. さらに,山田モデルでは仮想的な誘導因子を考えているが,このモデルでは,アクチビンやレチノイン酸といった具体的な物質を考えていることから,実験的に検証できる点も重要である. このようなモデルを想定し,器官誘導系を用いた検証とモデルの改良というプロセスを繰り返すことで,器官形成

=第1部　細胞のダイナミズム=

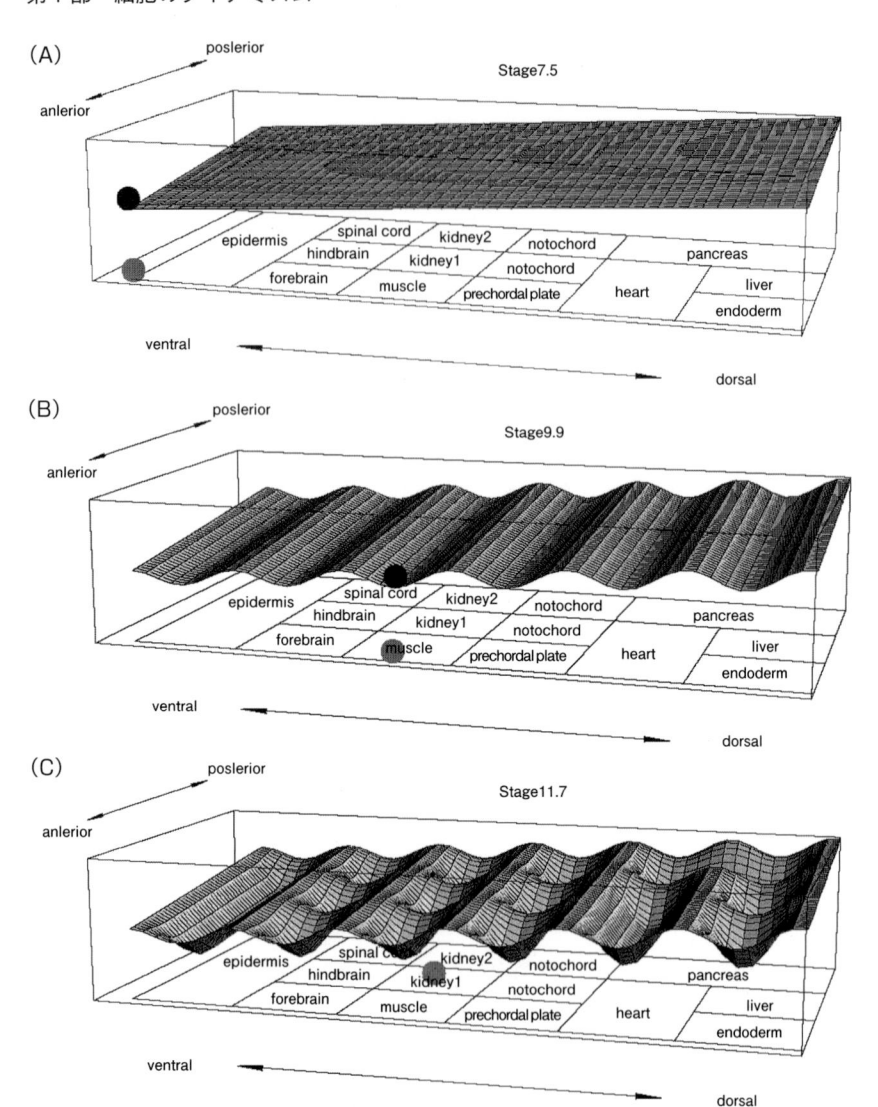

図9　改変キャナリゼーション・モデル
x 軸に背腹方向，y 軸に頭尾方向，z 軸を各領域のポテンシャルとした3次元平面を規定する．ある1つの部域を示すボールが平面上を転がり，最終的にある1つの分化方向（深いくぼみ）に落ち込む．(A) は中期胞胚期，(B) は初期原腸胚期，(C) は後期原腸胚期におけるポテンシャル変化を示す．xy 平面上にかかれているのは最終的に分化する組織を示す．
epidermis：表皮，forebrain：前脳，hindbrain：後脳，spinal cord：脊髄，muscle：筋肉，kidney：腎臓，prechordal plate：脊索前板，notochord：脊索，heart：心臓，endoderm：内胚葉性組織，liver：肝臓，pancreas：膵臓．図は金子研究室の佐藤博士により作成していただいた．

メカニズムを理解するための新たな視野が開かれることが期待される．

おわりに

　本章では器官形成メカニズムの研究において，器官を「創る」という新たな方法論の重要さについて述べ，さらに独自に開発した器官誘導系の概説と，その誘導系を基にしたモデルの構築について述べた．われわれはこのような新たな方法論の導入により，器官形成メカニズムの包括的な理解が進むことを期待している．

　この他にもわれわれは，器官誘導を効率よく行わせるための条件検討の一環として，様々な培養法の開発を試みている．これら新たな誘導系の開発によって，さらに多くの新しい現象を見出すことができるであろう．その他，器官誘導に関わる因子，たとえばアクチビンなどの因子について，その成体における機能も解析している．この結果を in vitro 器官誘導系での機能と比較することで，「発生における器官形成」と「成体における体の機能維持」という，異なるスケールの現象がどうやって同じゲノム情報の調節から生ずるのか，統一的な理解ができるものと考えている．

　これらの新たな融合科学的アプローチは，システムとしての生命を理解する上できわめて有用であり，発生生物学を起点とした融合科学の新たな展開といえよう．

参考文献

［1］　Asashima, M., Nakano, H., Shimada, K., Kinoshita, K., Ishii, K., Shibai, H., Ueno, N. (1990) *Roux's Arch. Dev. Biol.*, **198**, 330-335
［2］　Okabayashi, K., Asashima, M. (2003) *Curr. Opin. Genet. Dev.*, **13**, 502-507
［3］　Okabayashi, K., Asashima, M. (2006) *Proc. Jpn. Acad., Ser. B*, **82**, 197-207
［4］　Takahashi, S., Onuma, Y., Yokota, C., Westmoreland, J. J., Asashima, M., Wright, C. V. (2006) *Genesis*, **44**, 309-321

[5] Ariizumi, T., Kinoshita, M., Yokota, C., Takano, K., Fukuda, K., Moriyama, N., Malacinski, G.M., Asashima, M. (2003) *Int. J. Dev. Biol.*, **47**, 405-410
[6] Sogame, A., Hayata, T., Asashima, M. (2003) *Dev. Growth Differ.*, **45**, 143-152
[7] Honda, M., Hamazaki, T. S., Komazaki, S., Kagechika, H., Shudo, K., Asashima, M. (2005) *Biochem. Biophys. Res. Commun.*, **333**, 1334-1340
[8] Nakanishi, M., Hamazaki, T. S., Komazaki, S., Okochi, H., Asashima, M. (2006) *Differentiation*, **74**, 1-11
[9] Yamada, T. (1947) *Zool. Mag.*, **57**, 124-126
[10] Waddington, C. H. (1956) Principles of development and differentiation. Macmillan company, New York, USA

第6章

細胞内共生の進化
―寄生から相利共生へ―

嶋田　正和
深津　武馬

　昆虫には体内に別の生物を共生体として抱えているものが多い．これらには，宿主の細胞から養分を搾取する寄生者もいれば，宿主昆虫に必須の恩恵をもたらす相利共生の関係にあるものもいる．相利共生者になったものは，おそらく過去のある時点で宿主昆虫の細胞に取り込まれ，あるいは積極的に寄生したものが，やがてお互いに持ちつ持たれつの関係へと変化していったのだろう．考えてみれば，真核細胞の重要なオルガネラ（細胞内小器官）であるミトコンドリアや葉緑体もそうであったと思われる．――細胞内共生の進化のロジックとして，寄生から相利共生に至る条件はいったい何だろう？
　私たちは，昆虫と細胞内共生細菌との関係を野外調査と実験で解明し，さらに，数理解析を駆使して，宿主細胞の中で侵入者が寄生者になるか相利共生者になるかの進化条件を解析した．ここには，野外の生き物の実態を明らかにする生態学，細胞や遺伝子レベルで何が起こっているかを明らかにする分子生物学と細胞生物学，そして連立微分方程式系の数理解析という3分野を連携した融合科学が有効であった．

第1部　細胞のダイナミズム

はじめに——共生とは？

　「共生」という言葉は，21世紀に入ってますます一般社会で使われるようになってきた．「地球にやさしい共生社会を目指して」などのキャッチフレーズをよく耳にする．もともと共生（symbiosis）は生物学の用語で，2つの生き物が密接に関連して共に生活している状態をいう．共生の生物学上の意味は「共に生きる（＝living together）」であり，そこには相互に助け合うギブ・アンド・テイクのニュアンスは，本来は含まれていない．実際上，宿主の内部に巣くっている侵入者と宿主の関係が寄生なのか相利共生なのかはすぐには決められないことがある．ましてや後述のように，状況に依存して寄生から相利共生に関係性が変化するような場合には，いずれとも断定できないことがある．そういうときに，宿主との関係で「共生者（シンビオント）」として一括りにするのは適切であり，便利でもある．

　世界中で記載されている昆虫類は現在約100万種といわれているが，その細胞内に別の生物を共生者として保有しているものが多い．これらのなかには，宿主の細胞から養分を搾取する寄生者もいれば，相利共生者もいる．相利共生者になったものは，おそらく過去のある時点で宿主の昆虫細胞に"餌"として取り込まれたか，あるいは積極的に寄生したものが，やがてお互いに必須のギブ・アンド・テイクの関係へと変化していったと考えられている．

　細胞内共生の進化として，寄生から相利共生に至る条件はいったい何だろう？私たちは，昆虫と細胞内共生細菌との関係を野外調査と実験で解明し，さらに，数理解析を駆使して，宿主細胞の中で共生者が寄生者になるか相利共生者になるかの分岐条件を解析した．その一端を紹介しよう．

　なお，この章の内容は，嶋田研究室出身で国立環境学研究所の今藤夏子博士，放送大学助教授の二河成男博士，愛媛大学の柴田　洋博士，産総研の古賀隆一博士，嶋田研究室博士課程2年の福井　眞さんの研究成果によるところが大きい．ここに謝意を表したい．

第6章 細胞内共生の進化

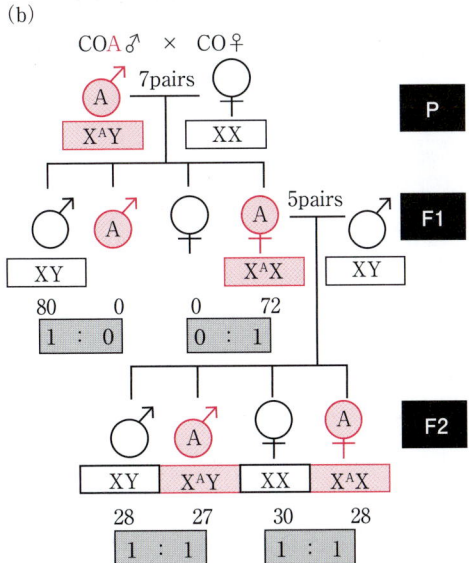

(a)

(b)

図1 (a) アズキゾウムシの写真．大きな櫛状の触覚をもつのが雄，触覚が小さいのが雌．(b) Aus が伴性遺伝する家系図．親世代で Aus をもたない雌（XX）と Aus をもつ雄（X^AY）とを交尾させて，以降の Aus の遺伝子が受け継がれる伴性遺伝のパターンを示す．なお，親世代の雄と雌の遺伝子型を逆にしても（X^AX の雌と XY の雄：正逆交雑という），同様の伴性遺伝のパターンが見られた．

1 アズキゾウムシとボルバキア――多重感染と遺伝子水平転移

　アズキなど豆類の害虫として知られるアズキゾウムシ（**図1a**）は，実験室でシャーレにアズキを入れて虫を放つと，餌も食べずに産卵する．卵から羽化まで3週間，年に15世代を繰り返すので，個体数変動の解析などに役に立つモデル生物として用いられる[1]．

　このアズキゾウムシに細胞内共生細菌であるボルバキア（*Wolbachia*）が感染していることをたまたま発見した．昆虫類のうち20〜30％もの種がボルバキアを保有しているといわれている．ボルバキアを有名にしているのは，宿主昆虫の生殖と性表現を利己的に操作するからである[2]．例として，非感染雌が感染雄と交尾すると卵が孵化しない「細胞質不和合性」，遺伝子型は雄なのに表現型は雌になる「雌化性転換」，雄になる受精卵が殺される「雄殺し」，などの興味深い現象をひき起こす．

　われわれは，日本各地からアズキゾウムシ個体群を採集したところ，3種類の異なる系統のボルバキアに多重感染しており，それらを wBruCon, wBruOri, wBruAus（以後，順に Con, Ori, Aus と略す）と名づけた[3]．どの地域でも3系統は高頻度で同一個体のアズキゾウムシから検出され，三重感染の頻度は約95％ときわめて高い．これほどの高頻度・広範囲で宿主昆虫に感染している事例は，これまで報告がなかった[3]．また，アズキゾウムシのボルバキアは細胞質不和合性を示すが，その程度が大きく違っている．Con は完璧に100％の不和合性を示すが，Ori は中程度の不和合性であった．

　さらに，宿主昆虫からボルバキアを除去すると何が起こるかを調べるため，常套手段としてアズキゾウムシに抗生物質を与えてみた．一般の共生細菌はこの処理で除去されてしまう．すると Con と Ori は1世代の処理で完全に除去されたのに，Aus のみは5世代もの処理によってもまったく影響を受けず，除去することができなかった．

　しかも，Aus はなんと，父親からも子孫に伝えられるという奇妙な遺伝様式を示した．**図1b**において，親世代では非感染の雌と Aus に感染している雄とを両親として交尾させると，F1世代の息子には Aus の遺伝子は伝わら

第 6 章　細胞内共生の進化

(a)

A
アズキゾウムシの
ボルバキア
転移ゲノム断片

dnaX　RP866　*wsp*　RP416

ショウジョウバエの
ボルバキアゲノム
配列

：構造的に完全な遺伝子
：構造的に壊れている遺伝子
↓：停止コドン
▼：フレームシフト変異

B
アズキゾウムシの
ボルバキア
転移ゲノム断片

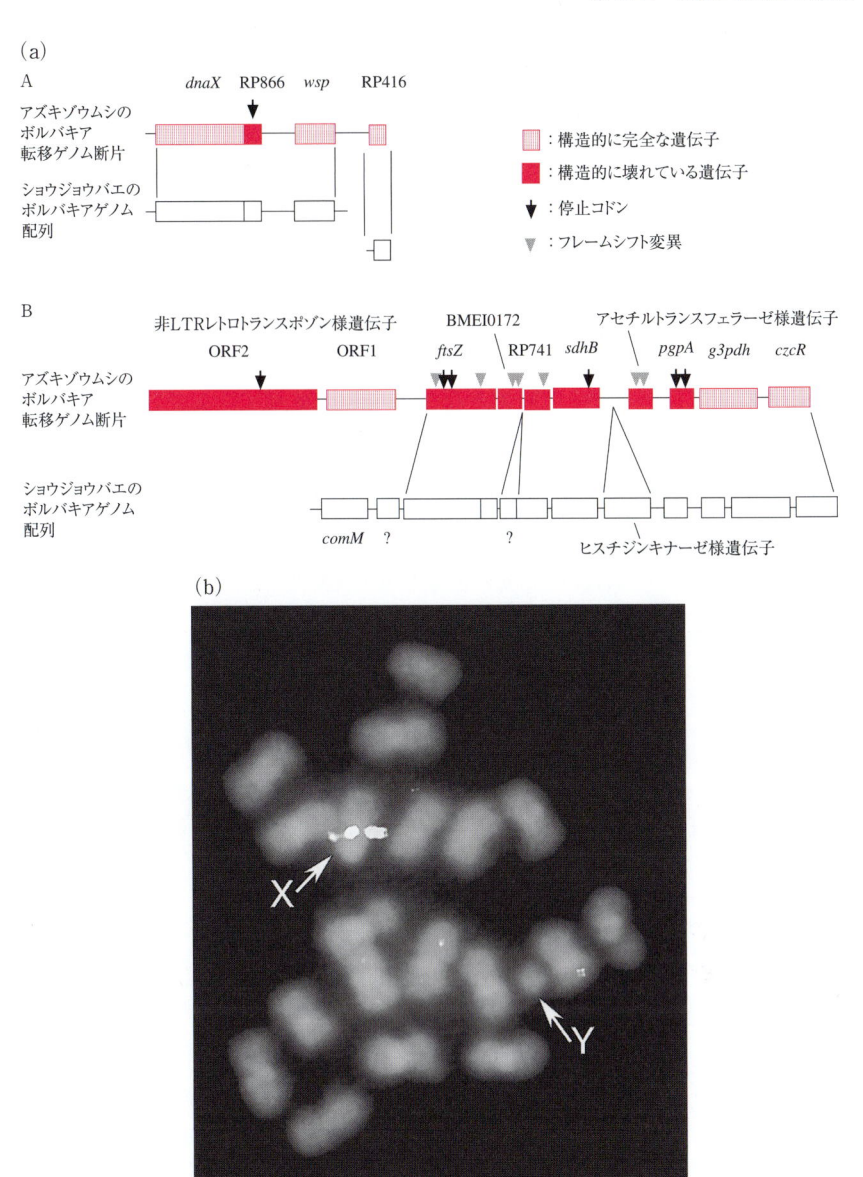

非LTRレトロトランスポゾン様遺伝子
ORF2　ORF1　*ftsZ*　BMEI0172　RP741　*sdhB*　アセチルトランスフェラーゼ様遺伝子　*pgpA*　*g3pdh*　*czcR*

ショウジョウバエの
ボルバキアゲノム
配列

comM　?　?　ヒスチジンキナーゼ様遺伝子

(b)

図2　(a) アズキゾウムシの X 染色体に水平転移したボルバキアのゲノム断片の部分構造.
(b) FISH 法（蛍光 *in situ* ハイブリダイゼーション法）によるアズキゾウムシ染色体の画像. X と Y の染色体を示してある.

ないが，娘にはAusが伝わっている．その娘に非感染の雄を交配すると，F2世代での孫は，雄も雌も1：1の比でAusをもつ個体ともたない個体が生じる．

一般に，細胞内共生細菌はミトコンドリアや葉緑体と同様に母性遺伝因子であり，母親の卵細胞のみから子孫に伝えられるものである．しかし，図1bのパターンは，ヒトにおける色盲や血友病の例などで知られる伴性遺伝とまったく同じであった．驚くべきことに，Ausは宿主のX染色体と連鎖して遺伝することが判明したのである．一連の実験によりわれわれは，アズキゾウムシのX染色体の中に，ボルバキアの大きなゲノム断片が入りこんでいることを明らかにした[4]．転移ゲノム断片の一部の構造を図2aに示す．さらに最近，われわれはFISH法によってアズキゾウムシのX染色体だけにAusのゲノム断片が乗っている像を得ている（図2b）．

生き物のゲノムは，一般には精子や卵を通じて親から子へと伝えられる．それに対して，まったく関係のない別の生物から遺伝子が伝えられる可能性もあり，このことを"遺伝子の水平転移"とよぶ．プラスミド，トランスポゾン，ファージなどによって，異なる生物種の間で遺伝子が伝達される可能性は従来から知られていた．しかし，こういった遺伝子の水平転移というのは，原核生物間ではたまに起こっていると考えられてきたが，多細胞の生物（真核生物）ではきわめて例外的な現象といえる．真核生物のゲノムに水平転移した原核生物の遺伝子を，出元（ボルバキアAus系統）と行き先（アズキゾウムシのX染色体）をはっきり確定して捉えたのは世界初の発見だった．

今後は，アズキゾウムシのX染色体上に移ったゲノム断片の構造解析や分子進化解析から，遺伝子水平転移の進化過程や分子機構について様々な洞察が得られるであろう．また，転移したボルバキアの遺伝子について，それらが実際に発現しているのかを調べたい．このようにして得られた成果は，生物界における遺伝子水平転移や共生進化の実態と意義について，より深い理解をもたらしてくれるに違いない．

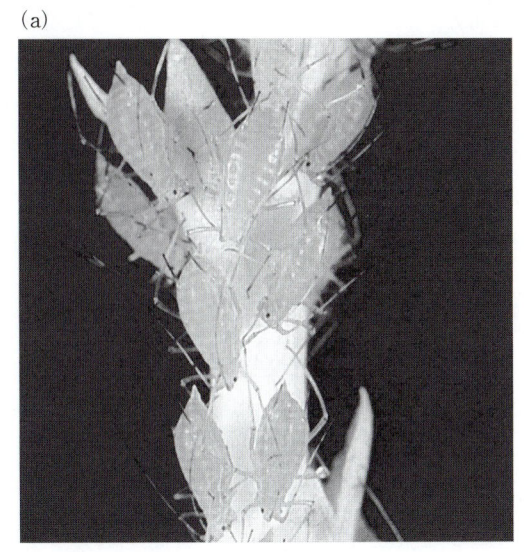

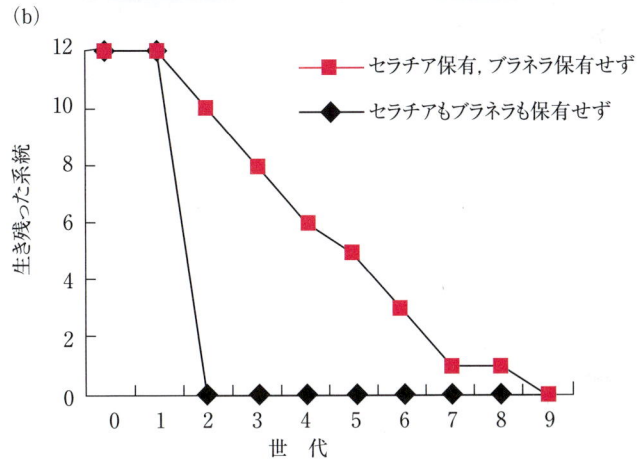

図3 (a) エンドウヒゲナガアブラムシの写真．(b) 抗生物質処理でブフネラを除去してセラチアのみに感染したアブラムシ系統の生残パターン．

2 アブラムシをめぐるブフネラとセラチア——寄生から相利共生への関係性の逆転

植物の茎の先端に小さな虫が群れている姿を見たことのある読者もいるだろ

う．それは十中八九アブラムシ科の昆虫で，セミなどと近縁である．アブラムシもまた細い針のような口をもっていて，植物の師管から吸汁する．そして，交尾もせずに単為生殖で次から次へと世代を更新して増える．

アブラムシは細胞内共生細菌の宝庫である．ほぼすべてのアブラムシ類において，菌細胞の中にブフネラ（*Buchnera aphidicola*）という細菌がびっしり詰まっていることが，古くから知られていた[5]．それに加えて，たとえばエンドウヒゲナガアブラムシ（図3a）では，一次共生細菌のブフネラを必須でもっているだけでなく，同時に30％くらいの個体はセラチア（*Serratia symbiotica*）という二次共生細菌にも感染している．

ブフネラと二次共生細菌はアブラムシの菌細胞をめぐって争っているらしいことがわかってきた．FISH法で2種類の細菌を染め分けて蛍光顕微鏡で観察すると，そのような状況を目の当たりにすることができる．ブフネラは必須アミノ酸などアブラムシに欠かせない栄養素を合成する大事な相利共生者であり，高温処理や抗生物質処理によってブフネラを除去すると，アブラムシは子孫を残せず1世代で死に絶える．宿主のアブラムシにしてみたら，セラチアは大事なブフネラの住み家を奪うにっくき敵，寄生者のようにも見える．

抗生物質処理を工夫することにより，ブフネラは除去されるがセラチアは体内に残るという状況を作り出すことができた[6]．すると驚くべきことに，ブフネラなしでセラチアだけ保有しているアブラムシの系統を飼い続けて，最長で9世代目まで生かすことができた（図3b）．別のアブラムシ系統で同様の実験を行ったところ，なんと25世代目まで生き残り，セラチアがブフネラの代役としてアブラムシの代謝に貢献していることがわかった[6]．すなわち，ブフネラの存否が，セラチアとアブラムシの関係性を逆転させたのである．

夏の酷暑の時期には，自然界でブフネラはときにアブラムシの体内で低密度に減少するときがあるのかもしれない．そのときに，二次共生細菌セラチアがブフネラに代わってアブラムシを生かして，再びブフネラが体内で回復してくるまでを凌ぐことは十分にありそうだ．寄生から相利共生への関係性の逆転が自然界のあちこちで起こっている可能性は十分にありそうである．

第6章　細胞内共生の進化

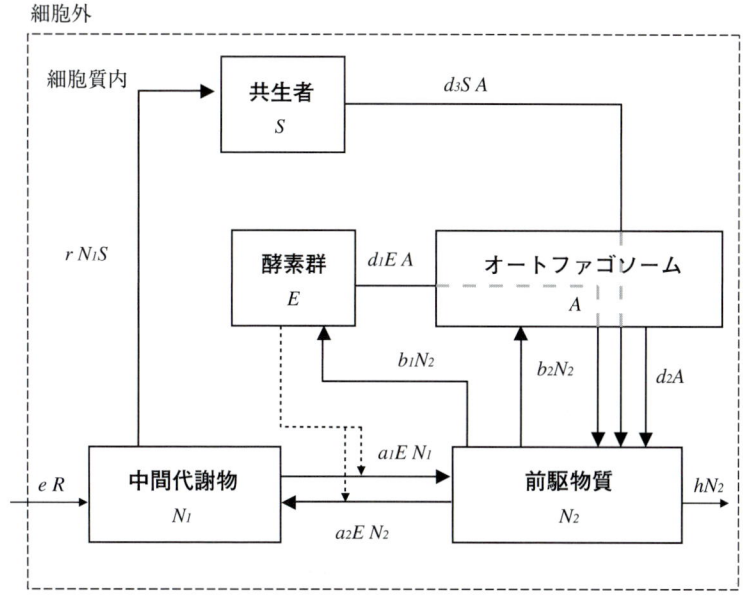

図4　宿主細胞の代謝回路の中に共生者が入った状態．BOX 1の説明を参照．

3　宿主細胞と共生者の数理モデル──寄生から相利共生へ

　では，昆虫の体内で「寄生から相利共生への関係性の逆転」は，どのような条件で起こるのか？──しかし，分子生物学や細胞生物学ではこの問題は漠然としているので，的を絞った実験は直ぐにはできそうもない．そういうときに，まずはシンプルな進化的ロジックを数理で解き明かし，そこから見えてくるものを次の研究に活かすと，ときには重要なヒントが生まれるかもしれない．

　今回の数理モデルは嶋田研博士課程2年の福井 眞さんが中心になってモデルの構築と解析を行い，複雑系物理の池上高志助教授もアドバイスした融合科学の成果である[7]．われわれの考えた細胞内共生系のモデルは，細胞内で物質を膜で包んで分解するオートファジーという，真核細胞には普遍的な分解過程（最新の細胞生物学の知見）に準拠している[8,9]．そして，自然界での生態系

89

の物質循環モデル[10]を参考にして，細胞内共生のモデルに適用したところが味噌である．生態系には生産者（植物），消費者（動物），分解者（屍骸食者・細菌・菌類）などの役割分担があり，それによって物質循環のサイクルが回っている．同じように，細胞内共生系にも生産者（宿主細胞の代謝），消費者（搾取する共生者），分解者（オートファゴソーム）が存在していると考えれば細胞内共生を「コンパクトな生態系」と捉えることが可能になる．

図4をもとに，共生者（S）が宿主細胞の代謝回路の中に入った状態を考えてみよう．宿主細胞は細胞外から養分（R）を取り込み，これを中間物質（N_1：ピルビン酸とかグルコース6リン酸など）に変える．宿主細胞の代謝回路では，この中間物質と前駆物質（N_2：個々のアミノ酸とかヌクレオチド）との間で，たとえば解糖系やTCA回路のように，酵素（E）を介在して合成と分解の双方向に反応を移行することが可能である．また，共生者は中間物質の一部を搾取して自分自身の成長にあてるが，宿主細胞で作られるオートファゴソーム（A）によって，すべては前駆物質に分解される．酵素やオートファゴソーム自身も分解して前駆物質に戻る．最終的に，前駆物質の一部が宿主細胞の成長としてあてられる．

この一連の過程をBOX1のように定式化すると，連立常微分方程式の系で表すことができる（金子が著した第7章でも，抽象的か具体的かの違いこそあるが，細胞内の代謝系が同じようにこの形式でモデル化されている）．BOX1のモデルには解析数学の知識が必要ではあるが，本章の主題である「寄生から相利共生への条件」については，BOX1を読み飛ばしても本質を理解できるように配慮してある．

ここで，寄生から共生への進化のロジックを探るために，図4の代謝回路の諸過程はできるだけシンプルな線形モデルにした．もちろん非線形の項や関数を導入することも可能ではあるが，その場合は解析的に解くことはできなくなり，シミュレーションとして数値計算の結果しか見せることができない．今回のモデルでは関数の形や数値の定量性に興味があるのではなく，まずは定性的でいいから，数学の論理でどこまでロバスト（頑健）な進化ロジックを抽出できるかを主眼としているので，ここは線形モデルにした．

BOX 1

細胞外から養分となる R を取り込んだ後，細胞代謝の回路は転換効率 a_1, a_2, b_1, b_2, d_1, d_2, d_3 を組み合わせた連立常微分方程式系で定式化できる．このとき，**図4**の共生者による N_1 からの搾取については，rN_1S で表すのが最もシンプルな関数であるとして採択した．

$$\frac{dN_1}{dt} = e \cdot R - a_1 \cdot N_1 \cdot E + a_2 \cdot N_2 \cdot E - r \cdot N_1 \cdot S$$

$$\frac{dN_2}{dt} = a_1 \cdot N_1 \cdot E - a_2 \cdot N_2 \cdot E - b_1 \cdot N_2 - b_2 N_2 + d_1 \cdot E \cdot A + d_2 \cdot A + d_3 \cdot S \cdot A - h \cdot N_2$$

$$\frac{dE}{dt} = b_1 \cdot N_2 - d_1 \cdot E \cdot A$$

$$\frac{dA}{dt} = b_2 \cdot N_2 - d_2 \cdot A$$

$$\frac{dS}{dt} = r \cdot N_1 \cdot S - d_3 \cdot S \cdot A$$

細胞内の代謝系が動く時間スケールは，細胞独自の成長の時間スケールよりずっと短いと考えると（$e \approx h \approx 0$），上記の式で $e \cdot R$ と $-h \cdot N_2$ は近似的には無視してもかまわず，このとき細胞内の構成要素の合計（＝細胞サイズ）は Q でほぼ一定と考えてよい．

$$N_1 + N_2 + E + A + S = Q$$

この前提で連立微分方程式の平衡点（＊が付く）を求めると，

$$E^* = \frac{b_1}{d_1} \cdot \frac{d_2}{b_2}$$

$$A^* = \frac{b_2}{d_2} \cdot N_2^*$$

$$N_1^* = \frac{a_2}{a_1} \cdot N_2^*$$

$$S^* = \frac{b_1}{d_1} \cdot \frac{d_2}{b_2} \cdot \frac{a_2}{r} \left(\frac{r}{d_3} \cdot \frac{d_2}{b_2} - \frac{a_1}{a_2} \right)$$

$$N_2^* = \frac{Q - E^* - S^*}{1 + \frac{d_3}{r} \cdot \frac{b_2}{d_2} + \frac{b_2}{d_2}}$$

となる．まず，S^* が非負になるのは以下の不等式(1)が満たされるときである．

$$\frac{r}{d_3} > \frac{a_1}{a_2} \cdot \frac{b_2}{d_2} \qquad (1)$$

その状態で，平衡点周りで摂動をかけて局所安定性解析をし，ヤコビ行列のいかなる固有値もその実部が負になる条件をラウス・フルビッツ基準で確かめる．すると，平衡点が局所安定になるには，不等式(1)が満たされることが必要十分条件となる．

この場合，N_2^* への循環流の強さ（フラックス）J は以下のようになる．

$$J = a_1 \cdot N_1^* \cdot E^* + d_1 \cdot E^* \cdot A^* + d_2 \cdot A^* + d_3 \cdot S^* \cdot A^*$$

上記で共生者による N_1 からの搾取効率を rN_1S と置いたが，N_2 への循環流の強さ J および代謝回路の構成要素について係数 r で偏微分したものが図5である．

$$\frac{\partial J}{\partial r} = \frac{b_1 + b_2 + d_3 \cdot \frac{b_2}{d_2} \cdot S^*}{\left(1 + \frac{a_2}{a_1} + \frac{b_2}{d_2}\right)^2 \cdot r^2} \ (Q - Q')$$

$$\frac{\partial N_2^*}{\partial r} = \frac{d_3 \cdot \frac{b_2}{d_2}}{\left(1 + \frac{a_2}{a_1} + \frac{b_2}{d_2}\right)^2 \cdot r^2} \ (Q - Q')$$

$$\frac{\partial N_1^*}{\partial r} = \frac{(Q - E^* - S^*)}{r} - S^* \left(1 + \frac{d_3}{r} \cdot \frac{b_2}{d_2} + \frac{b_2}{d_2}\right) < 0$$

$$\frac{\partial S^*}{\partial r} = \frac{a_1}{r^2} \cdot \frac{b_1}{d_1} \cdot \frac{d_2}{b_2} > 0$$

（ここで，$Q' = \left\{(a_1 + a_2)\dfrac{d_2}{b_2} + a_1 + d_3\right\}\dfrac{E^*}{d_3}$ とする）

図5 で示すように，r に対して N_1^* のグラフは単調減少，S^* は単調増加となる．それに対して J と N_2^* は，閾値 Q' を境に図5（a）と（b）に結果が分かれる．あとは，本文を参照のこと．

宿主細胞のサイズ Q は構成要素 N_1，N_2，E，A，S の総和である．**BOX 1** の結果として，図5で示すように，r に対して N_1^* のグラフは単調減少，S^* は単調増加となる．それに対して循環流の強さ J と N_2^* は，Q' を閾値を境に結果が分かれる．$Q > Q'$ であれば r に伴って N_2^* に入る J はいや増しに加速し，

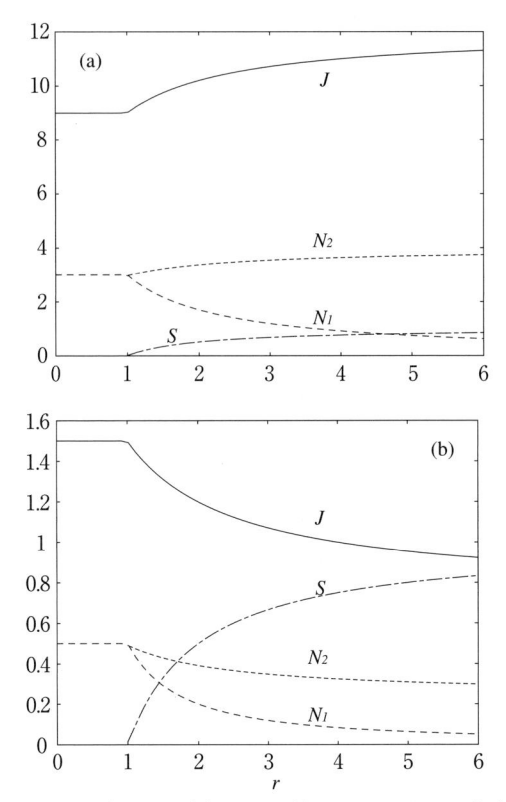

図5 寄生か相利共生かの条件分岐．(a) Q が閾値 Q' 以上であれば共生者は相利共生者になり，N_1 から共生者 S への摂取効率 r が増加するに従って N_2 は増加し，N_2 に入る循環流 J も増加する．(b) Q が閾値 Q' 以下であれば共生者は寄生者になり，r が増加するに従って N_2 は減少し，N_2 に入る循環流 J も減少する．

代謝効率が上がるので，それとともに N_2^* も増加する．これは，短期的には環境撹乱に対する細胞内の代謝の回復力を高め，長期的には細胞のより速い増殖につながるだろう．つまり，相利共生の傾向が現われる（**図5a**）．それに対して，$Q<Q'$ であれば N_2^* への循環流の強さは減少し，それとともに N_2^* も減少する．つまり，寄生にならざるを得ない（**図5b**）．そして，この数理モデルの解析の結果として，以下の3条件が導かれる．

(1) 共生者として細胞内に存在できるためには，その増加率はオートファゴソームによる分解効率よりも高くなる必要がある．

(2) 共生者が相利共生になるためには，宿主細胞のサイズがある閾値よりも大きくなる必要がある．
(3) 共生者が相利共生者になることで細胞内代謝にプラスの効果をもたらし，前駆物質への循環流を加速することにつながる．

この3つは，自然界の生態系モデルでも同じように派生するので[10]，なるほど細胞内共生は「コンパクトな生態系」そのものであることがわかる．今後は，この3条件の意味を，細胞生化学で解き明かす実験を企画してみたい．

おわりに

細胞内共生の進化として，寄生から相利共生に至る条件を探ろうと試みた．私たちは，昆虫と細胞内共生細菌との関係を野外調査と実験で解明し，さらに，数理解析を駆使して，宿主細胞の中で共生者が寄生になるか相利共生になるかの進化条件を解析した．共生者が寄生から相利共生に転換するときに，上記の3条件を細胞代謝の実験で明らかにできれば，細胞生物学・生化学，生態学，数理解析の3者連携もはっきり視野に捉えられるだろう．

寄生から相利共生への関係性の逆転について，いろいろな分野を連携して融合科学として研究する機会をもてたのは幸いだった．この楽しく充実した5年間を，さらに将来につなげたい．

参考文献

[1] Tuda, M., Shimada, M. (2005) *Adv. Ecol. Res.*, **37**, 37–75
[2] O'Neill, S., Hoffmann, A. A., Warren, J. H. (eds) (1999) *Influential Passengers: Inherited Microorganisms and Arthoropod Reproduction*. Oxford
[3] Kondo, N., Ijichi, N., Shimada, M., Fukatsu, T. (2002) *Mol. Ecol.*, **11**, 167–180
[4] Kondo, N., Nikoh, N., Ijichi, N., Shimada, M., Fukatsu, T. (2002) *Proc. Natl. Acad. Sci. USA*, **99**, 14280–14285
[5] Buchner, P. (1965) *Endosymbiosis of Animals with Plant Microogan-*

isms, Wiley
- [6] Koga, R., Tsuchida, T., Fukatsu, T. (2003) *Proc. R. Soc. Lond.* B, **270**, 2543-2550
- [7] Fukui, S., Fukatsu, T., Ikegami, T., Shimada, M. (2007) *J. Theor. Biol.*, **246**, 746-754
- [8] Levine, B. Klionsky, D. J. (2004) *Develop. Cell*, **6**, 463-477
- [9] Nakagawa, I., Amano, A., Mizushima, N., Yamamoto, A., Yamaguchi, H., Kamimoto, T., Nara, A., Funao, J., Nakata, M., Tsuda, K., Hamada, S., Yoshimori, T. (2004) *Science*, **306**, 1037-1040
- [10] Loreau, M.(1995) *Amer. Natur.*, **145**, 22-42

第7章

可塑性，揺らぎ，進化

金子 邦彦

　生命システムは，幾つかの階層をまたがって存在している．個体集団，（多細胞生物では）個体を構成する細胞集団，細胞，それを構成する分子，といった階層である．そして生物系ではそれぞれの階層の構成要素が増殖していく．この増殖が安定して継続するためには各階層の間で何らかの関係が成り立たないといけないのではないだろうか？階層のある系というと，しばしばわれわれは，階層の下のレベル（たとえば分子）を理解してそれを集めて上のレベルを理解しようとしがちである．しかし，各階層が関係をもって安定して成長していくには，上から下への流れも含めた階層間の整合性が必要であろう．このように「整合性」という観点でとらえたときに，生命システムがみたすべき一般的性質がないだろうか？この章では，生物の揺らぎに着目して，階層間の整合性がどのような理論的帰結を生むかをみていきたい．まず，分子が複製し，細胞も複製するという階層間の整合性から，揺らぎの統計法則をひき出す．ついで，遺伝子が表現型（外に現れる生物の性質）をもたらし，一方，表現型を通して遺伝子に淘汰がかかるという進化の問題を考え，この場合，遺伝子レベルと表現型レベルの整合性から，遺伝子がもたらす変異と同一遺伝子個体での表現型の揺らぎの間の関係を導く．

第7章 可塑性，揺らぎ，進化

1 生命システムと機械

　生命システムを研究しよう——こう決めたときに，何を研究するかは，どのような点に生命らしさを感じるかによって違ってくるだろう．生命のもつ非常に精巧な仕組み——たとえば眼の構造——が進化を通していかに獲得されてきたかに，生命研究の醍醐味を感じる人もいるだろう．その一方で，機械ほど精巧ではないけれども，柔軟に様々な状況に対処できるという点に生命らしさを感じる人もいるだろう．

　たとえば大腸菌をとってみれば，ヒトの体内から，下水に至るまで広い環境で生きていけるし，われわれ自身をとってもいろいろな環境に適応して生きていける．機械のようにある特定の状況に対して，精密に同じ振る舞いを示すわけではないけれども，いろいろな状況に対して，いい加減かもしれないがそこそこやっていく．

　私自身は後者のような生命システムの柔軟性に興味をもつタイプなので，その視点から，生命を眺めていきたい[1]．たとえば，脳と計算機を比較すれば，とても演算の正確さや速さで，脳は計算機の比ではない．しかし，答えのない問いを出されてもエラーを出して止まってしまうこともないし，問いの文脈を汲んで融通をきかせたり，最初の設定から離れて思考を飛翔することすらできる．脳の例をもち出さなくても，1つの細胞ですらすでに様々な環境に対して柔軟に対応して，そこそこうまくやっている．

　ではシステムとして，生命と機械にはどのような違いがあるのだろうか．まず，ひとつの違いは，外部に設計者がいるかどうかである．機械では外側に設計する人がいて，設計図を作る．生命システムでも，たしかに遺伝子が設計図として働き，それに従ってシステムは振る舞う．この外に現われる性質は表現型とよばれる．たとえば，大腸菌の酵素の活性や動物の走る速度が表現型である．こうしてみると表現型を作る遺伝子という設計図が機械のように分離しているようにもみえる．ただし，注意すべきは，遺伝子はDNAという分子に載っており，その遺伝子発現，DNA合成さらにはその変異は細胞のシステムの中で動いているのであり，システムの外側にあるわけではない．もともとは

DNAも他の分子と同じ次元にあるのだが，結果的に，遺伝子から表現型への関数関係が生まれている．すると，この対応関係は任意にとれるわけではなく，進化を通して，ある範囲に狭められていると予想される．

次は揺らぎの消去に関してである．生命システムは，しばしば揺らぎを伴う．たとえば細胞の中の化学反応自体は分子の衝突を通して起こるから，揺らぎは免れない．もし分子数が非常に大きければ，そうした揺らぎは無視できるだろうけれども，細胞内の各分子数は必ずしもそう大きいものばかりではない．数百以下しかないけれども，重要な役割を示すものも多々ある（たとえば，文献[3]）．すると反応は大きな揺らぎを伴う．実際，後に述べるように，同じ遺伝子をもった大腸菌でも，細胞内のあるタンパクの細胞内の分子数（ないし体積あたりの個数）を調べてみると細胞ごとに桁違いにばらついている．これに対して機械では，こうした揺らぎをできるだけ小さくして決定論的に振る舞うように制御することが多い．

最後に，先の計算機と脳の違いでもわかるように，生命システムは（現在の）人工的な機械よりもずっと柔軟に振る舞う．つまり，生命は外界の状況に応じて，自らの状態を変化させ，その振る舞いを変化させるという可塑性を有している．

とはいえ，揺らぎや可塑性をあいまいに表現しているのでは，定量的な物理科学としては不満が残る．これに対して，この10年程で，生命システムへの物理学的アプローチが，新しい次元に入ってきたようにみえる．単に物理学を技術として使うのではなく「生物状態の現象論」あるいは「生物システムの統計力学」とでもいうべき分野の構築が始まっているといえるかもしれない．この発展の基盤には以下のようなものがある．

1.1 実験的技術の大幅な進歩

蛍光タンパク，DNAマイクロアレイ，セルソーターなどの技術の急速な進歩があり，細胞内のタンパク量などの揺らぎや分布の定量的測定が（まだ不十分な点があるとはいうものの）だいぶ可能になった．それにより，これまでではしばしばあいまいな表現になっていた「生物の柔軟性」が「揺らぎ」との関連で，定量的な科学の対象になってきた．

第7章 可塑性，揺らぎ，進化

> **フローサイトメトリー**：細胞を1個含んだ液滴を上から落し，それが落ちるまでにレーザー光を当て，その前方，側方散乱から，その細胞の大きさ，密度，蛍光の強さなどを測定する．さらに，セルソーターでは測定した指標に応じて細胞を分類して回収できる．
>
> **マイクロアレイ**：膨大な種類のmRNAのそれぞれがどれだけ存在しているかをまとめて測定できるようにしたチップ．つまり，どの遺伝子が発現しているか，つまり各mRNAがどれだけ合成されているか（＝どのタンパクが合成されているか）が測れる．
>
> **蛍光タンパク**：蛍光を発するタンパク．クラゲのタンパクをもとにして，もっと強く蛍光を発するように改良したGreen-Flourescent-Proteinが開発されて以降，様々な色を発するタンパクが合成された．ある遺伝子が発現するとこのタンパクを合成するように遺伝子を操作できるので，遺伝子発現のプローブとして広く用いられるようになった．

1.2 力学系理論とマクロ現象論の進歩

統計力学の進歩により，「ミクロの詳細によらずに普遍的性質を理解する」立場が確立した．これとともに，確率過程や力学系の理論が進展した．力学系とは（たとえば細胞なり個体なりの）状態を幾つかの変数で表わし，その時間的な変化を追っていく考え方である．さらに最近では，各要素（たとえば細胞）が力学系で表されたときに，その要素が相互作用して変化するという，大自由度力学系の研究も進んで，内部ダイナミクスをもつ要素が相互作用により干渉する系の基本的性質が明らかになってきた[2]．これによって，われわれが生命一般に抱く漠然とした感覚を物理学の立場で研究しても，これまでの「単純化しすぎて本質を外した」轍を踏まずに，生命現象論をつくれる可能性がでてきた．

統計力学の考え方の応用として，たとえば，「可塑性＝状態の変化しやすさ」と揺らぎの関係について考えてみよう．まず，ある環境下で生命システムが安定した状態をとる場合を考える．安定しているのだから，もし外からその生物の状態を変化させると，もとの状態へと戻る「力」が働くはずである．こ

の力が強ければ，状態はあまり揺らがずに一定であり，一方，力が弱ければ，その状態は大きく揺らぐ．次に，環境を少し変化させたときの，この状態の変化を考えよう．もし，戻す「力」が大きければ，外から環境を変えても，状態は変化しにくく，小さければ変化しやすいだろう．つまり，揺らぎと変化しやすさ（系の外界への応答率）には正の相関があると予想される．実際，平衡近傍の統計熱力学では，この間に比例関係が成り立ち，比例係数は普遍的に温度で表わされる．もちろん，生命現象に統計力学の考えをそのまま適用できるわけではない．しかし，後に述べるような一般化をすることで，生物の揺らぎと応答の間の関係を考えていく道が開かれる．そうすると生命システムの可塑性といった漠然たるものに，応答率，揺らぎといった定量的表現が与えられるだろう．

　こうした物理と生物を結ぶ研究というと，でき上がった物理を技術や理論手法として用いて生物にあてはめるもの，という印象をもたれるかもしれない．しかし，そうした学問の輸出というだけでは，学問の創造という点ではそれほど楽しくはない．また，データをもとにして詳細な生物モデルをつくり，力学系や確率微分方程式の手法を応用する，といったことも盛んであるが，もし，それが単なる応用だとすれば，これも「理論物理」としてさして楽しいわけではない．これに対して，生命システムでは成長性，多様性，（それらの帰結としての）強相互作用，階層性といった共通性質がある．それらを理解することは，物理学としても新しく，本質的な問題を提起し，一方で生物らしさをとらえるという生物学の重要課題の解決につながる．融合科学とは，それぞれの分野を集めて混ぜるというものではなく，融合したことによって，それぞれの分野（たとえば統計物理，力学系，細胞生物学）に対しても本質的に新しい発展をもたらすものでなければならない．

　熱力学が「平衡状態とその間の遷移」という切口を作ることにより，自然の普遍構造を明らかにしたことを思い出そう．これに対し，生命システムには，すべての階層で「増える」という潜在的性質がある（分子の複製，細胞の増殖，個体の増殖）．そこで，「（定常）成長状態とその間の遷移」という切口で，生命の普遍的性質の一面を切り出せないだろうか？もちろん，こうした考えの先駆はDarwinの進化論にある．ただ，現在の数理的進化理論では，増

える要素の内部状態の変化は考えずに，要素（個体）に適応度（子孫を残す度合）だけを与えて記述している場合が多い．これに対して1）2）の進歩をふまえて「内部状態をもった要素の（定常）成長状態へのマクロ現象論＋統計力学」をつくっていき，生命のもつ，複製，代謝，遺伝，分化，発生，進化の普遍性質を理解できないだろうか．この際に，もちろん，力学系や統計力学の考え方は使うのではあるが，それを通して，生命現象への新しい見方をつくるだけではなく，「増える」系の普遍性という点で，物理としても新しい概念をつくり出していくのが目標である．

拙著 [1] では，この観点にたって生命現象を論じた．できるだけ重複を避けるために，ここではおもに進化に焦点をあてる．そうするのは，可塑性と同様に漠たる感覚で言われているものに「進化しやすさ」があるからである．分子レベルの進化はいざ知らず，マクロな表現型の進化については生物種によって進化しやすさに違いがあるという印象をいだく．進化の袋小路にはまった生物や生きた化石がいる一方，速く多様化していく種もある．そして進化しやすさは変化しやすさ——可塑性——と関連するだろう．そこで，これを，表現型の揺らぎと関係づけて，定量的な科学の俎上にのせられないだろうか．ここでは，バクテリアの実験，細胞モデルのシミュレーション，そして進化安定性の分布理論によって，この問いに答え，進化と表現型揺らぎの関連を定式化したい．

2　定常成長状態のもつ普遍統計則

進化について議論する前に，揺らぎについて少し述べたい．

一般に細胞内の生化学反応は，代謝にせよ遺伝子を含む反応にせよ，非常に多くの成分をもち複雑なネットワークを形成している．するとすべての成分が多くの分子数をもつわけではない．その中には少数しかないものもある．するとその分子数は大きく揺らぎ変動するはずである．また，それらが他の分子の合成や分解に関係するので，こうした揺らぎはいろいろな分子に伝搬するであろう．にもかかわらず，細胞はある状態を維持し，ほぼ同じものを複製していく．それでは，細胞状態を再帰的に生産していく反応ネットワークのダイナミ

クスには，なにか普遍的な性質があるのだろうか．

そこで，確率的な化学反応のダイナミクスの集合体としての細胞モデルを用いて，「自分と同じものを複製し続けられる」細胞内ダイナミクスがどのような性質をもつかを考える．まず，細胞内には k 種類の分子があり，それらの間で $x_i + x_j \rightarrow x_m + x_j$（$x_i$ は i 番目の種類の分子；この反応では j 分子が触媒）といった形の触媒反応のネットワークが形成されているとする．もちろん，細胞の触媒反応は上のような2体反応ではなく高次の触媒や負のフィードバックを含む．しかし，反応を個別に分けていけば，触媒を含む2体反応と考えてよいであろう[5]．さらに，触媒反応は複雑なネットワークをなしている．現存生物ではこのネットワークは進化を通して適当な形に選ばれているであろう．しかし，ここではネットワークはランダムに選んで適当に決めることにする[6]．つまり，上記の触媒反応 i, j, m の組合せは一定の確率 p でランダムに決める（いったん決めたらそれは固定する）．

ここで，一部の分子は細胞膜を透過できるとし，その拡散係数を D とする．さらに，外部環境には栄養成分が一定濃度で存在するとする．つまり，この「細胞」は環境から栄養分子を取り込み，それを細胞内の触媒反応ネットワークによって他の分子に変換されていく．この反応が進行していけば，外から取り込んだ栄養分子を順次他の分子に変換していき，その結果，細胞内の総分子数は増加していく（ただし，反応が進行するためには各触媒成分をつくっていかなければならないので，いつもうまく進行できるとは限らない）．ここで，細胞内の総分子数が一定値 N_{max} を超えた場合には，細胞は分裂しランダムに選ばれた半分の分子から娘細胞が形成されるとする（図1）．

もちろん，この反応の進行度合い，つまりこの細胞の成長速度は，栄養分子の拡散係数 D に依存する．一般に D が大きくなれば，流入が速くなるので成長速度は速くなる．しかし，D が大きくなりすぎると今度は細胞が栄養分子ばかりになっていき触媒を作るのが間に合わなくなり，結果，成長ができなくなってしまう．そこで最適な D が存在する．この最適な D の近傍の値では，栄養成分から順に触媒ができていく構造が形成され，その結果，成分の組成が維持される．つまり，細胞が効率よく再帰的に自己複製をしていく．

このような細胞に対して，各化学成分の量の分布を調べてみる．もちろん，

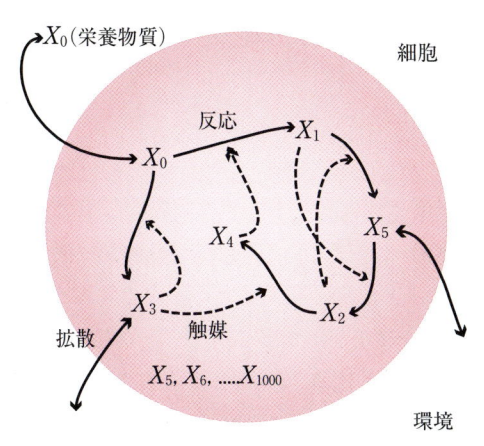

図1　複製細胞モデルの模式図
図ではネットワークのごく一部だけが示されていて，実際は5000成分をもっている．触媒反応ネットワークはでたらめに選んでいる．

この細胞内に多種類ある成分の中には量が多いものも少ないものもある．そこで細胞内の各成分量を多い順番に並べて，量と順位の関係を追ってみた．すると，複製が進行してほぼ同じ組成の細胞がつくられていく場合には，成分量と順位が逆比例するという法則が見いだされた[*1]．さらに，現在存在する細胞——大腸菌でもヒトの細胞でも——，この関係が成り立つことが，各 mRNA の量のマイクロアレイによる測定で確認された．物理の理論としては，この逆比例関係は，「臨界現象」の考えから説明される．ここで注目すべきは，このような単純なモデルで見いだされた関係が様々な数理モデルで普遍的に成り立つだけでなく，現在知られている（ほぼ）すべての細胞に関しても成り立つことである[4]．つまり，細胞生物学においても「普遍性」を求める物理の考えが有効であると考えられる．

さて，以上の分布則は，各成分の平均量についてのものであった．実際，実験での遺伝子発現のデータは，多数の細胞から抽出した mRNA を合計したサンプルから得られたものであり，つまりは平均値において成り立つ性質である．しかし一方で，各成分の分子数はそれぞれの細胞ごとに大きく揺らいでい

＊1　これはうまく複製していく場合で，そうでなければ，各成分の量はある平均のまわりでガウス分布を示す．

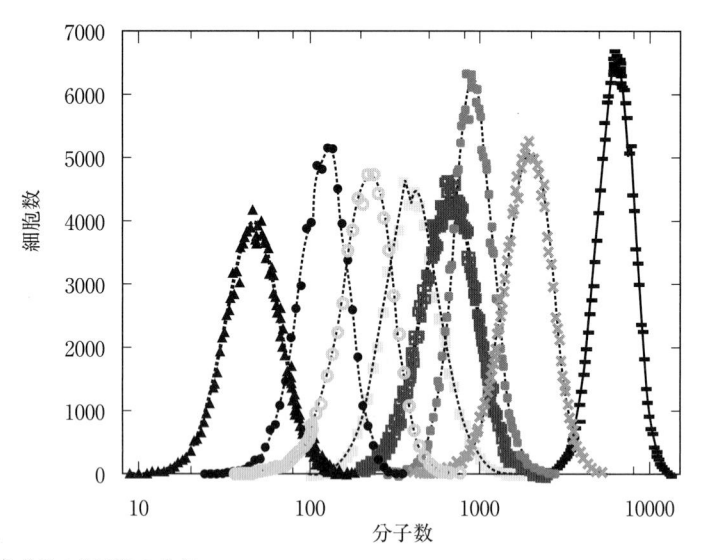

図2　各成分の分子数の分布
拡散係数 D を細胞が再帰的に効率よく増えられるよう設定し，30000回の細胞分裂にわたって各成分の分子数のヒストグラムを求めた．総分子数 N_{max} は 10^6，成分の種類数 k は5000とした．横軸は対数スケールで表示している．

る．では，上で述べた自己複製する細胞の状態で，各成分の分子数の細胞ごとの揺らぎについても何らかの普遍的性質があるのであろうか[7]？

　この問いに答えるために，上記の細胞モデルにおいてそれぞれの成分の分子が各細胞で何個あったかを数え，それを多くの細胞にわたって累積してヒストグラムを作り，その分布を調べてみた．上記のように「細胞」が再帰的に効率よく複製していく場合は，その量の分布はガウス分布ではなく，量の多い側にテイルを引く非対称な分布になる．この分布を，量（横軸）を対数スケールにとって表示してみる．すると，図2に示したように，左右対称なガウス分布が得られる．つまり，通常のでたらめな過程では中心極限定理によりガウス（正規）分布が現れるのに対して，この場合では対数をとった変数についてガウス分布が見いだされる．対数をとったあとでのガウス分布なので，このような分布は対数正規分布とよばれる．

　では，なぜ対数正規分布が現われたのであろうか？ここで，細胞の中で各成分が合成されていくためには，栄養成分から順に触媒されて生成されてこなけ

ればならない．触媒反応では，生成物は触媒と基質の量の積に比例して合成される．すると，ある成分量が揺らぐと，それはかけ算の形で生成物の揺らぎに反映する．反応のネットワークでは，このように揺らぎが積の形で伝播すると考えられる．ここで，量 x, y, …の積はその対数をとれば，$\log x$, $\log y$, …の和で表わされるから，対数をとった変数で考えると，揺らぎは順に足されていく．中心極限定理によれば，でたらめな変数を M 個の平均値の分布は，M を大きくしていくとガウス分布に近づく．つまり，対数をとった量の平均は，ガウス分布に近づく．それゆえ，（対数をとる前の）元の量の分布でいうと，対数正規分布が現われる．

なお，上の議論は反応が順々に進んでいるからであり，もしいろいろな反応経路が並列して各成分に入ってくるのであれば，揺らぎが足し算できいてくる．揺らぎの寄与がそのようにデタラメな変数の足し算になるのであれば，今度はそのまま中心極限定理が使え，通常のガウス分布が得られる．実際，今のモデルでも D の値が小さすぎて，効率よく増えられず分裂ごとに組成が変化してしまう場合には，各成分の分子数はほぼガウス分布に従う．このときは，多くの経路が同程度に各成分の反応にきいており，足し算の議論が成り立っている．

一方で，対数正規分布の方の議論は，（ほぼ）同じ組成の状態を複製して増えていく細胞に一般にあてはまる．だとすれば，実際の細胞においても，多くの細胞にわたった分子数の分布は対数正規分布に従うのだろうか？大阪大学の四方らの協力の下で，（同一遺伝子をもつ）バクテリアのタンパク量の分布を測定した．測定は，GFPなどの蛍光タンパクを用い，フローサイトメトリーを用いて蛍光量と細胞体積を測り，体積あたりのタンパク量を求めた．何種類かのタンパクを調べたが，予想どおり，対数をとったあとでガウス分布に近いものが得られた（対数をとらなければ，量が大きい側に長いテイルをもつ分布となる）．

以上をまとめると，同一の遺伝子をもったクローンでも，その表現型は同一ではなく，細胞ごとに「桁違い」の差が生じる．最近，細胞内における成分量の揺らぎの解析が注目を集めているが[8]，そのような解析を進める際には，（ガウス分布でなく）対数正規分布を基盤として行なう必要があるだろう．

3 進化と揺らぎ——遺伝子型と表現型の対応

　細胞内の化学的状態には一般に大きな揺らぎがあることを確認した．では，この揺らぎと進化の関係はあるだろうか．

　簡単に進化の考えを復習しよう．個体が淘汰を経てどれだけ子孫を残すか（適応度）を決めるのは，直接的には遺伝子ではなく，個体が外に示す表現型とよばれる性質（1細胞なら酵素（タンパク）の量でも活性でもよいし，動物なら走る速度とか）である．しかし，子孫に（おもに）伝えられるのは遺伝子だけなので，もし遺伝子→表現型が一意的に決まるのであれば，遺伝子に適応度を与えて，その結果遺伝子の分布がどう変化していくかを考えれば進化を調べるのに十分である．実際，このようにして集団「遺伝」学が成立している．

　言い換えると，遺伝子をあるパラメータ a で表わすとしたとき，a の値に応じて一意的に表現型 x への対応 $a \to x$ が与えられ，x に応じて子孫を残す割合が定まる（遺伝子の配列が a という量で表現されるのに違和感がある人もいるかもしれない．たとえば，最適な表現型をもたらす遺伝子配列から，どれだけ塩基配列が置換しているかの総数（数学的にはハミング距離など）を a と考えればよい）．このときに，a の分布を考え，その分布がいかに変化していくかを考えるのが集団遺伝学の立場である（突然変異があれば，a の値は親からずれるので，拡散しうる）．つまり，集団遺伝学では，表現型の揺らぎは遺伝子の分布の結果として考慮される．

　しかし，前節でみたように，遺伝子が決まっても表現型は完全に決まるわけでなく，同一の環境下にあるクローンの個体間でも表現型は個体ごとに異なり，固有の表現型揺らぎが存在する．つまり同じ遺伝子 a をもっていても，表現型 x が分布している．すると，a をパラメータとした x の分布関数 $P(x; a)$ を考える必要が生じる．ここで，x が大きい方向に淘汰を加えるというのは，分布 $P(x; a)$ のピーク値を大きくするよう遺伝子 a の値（ないしその分布）を変えていくことに対応する．言い換えると，a に"力"を加えて遺伝子をある方向に変化させ，それによって x を大きい方向に応答させているとみなせられる．

第 1 節で触れたように，物理学の基本的法則に，熱平衡状態でのゆらぎと，応答率の間に比例関係が成り立つというものがある[10]．ここで応答率は，その状態に外から力を加えたときに状態が変化する割合である．たとえば，流体中に，バネである粒子が結ばれているとしよう．そのとき，流体からランダムに受ける力でその粒子の位置は揺らいでいる（これがブラウン運動のもとである）．そこで，このバネにさらに力を加えてこの粒子をある方向に引っ張るとしよう．ここで応答率とはその粒子の動きやすさ，つまり位置のずれを力で割ったものである．この応答率がもともとあった粒子の揺らぎと比例していて，その比例係数が温度で与えられるというのがこの基本法則である．直観的にはミクロに揺らぎを生じる原因ももともとは力で，その力に対して動かされた結果が揺らぎなので，結局マクロな力に対する応答率と揺らぎが比例すると予想される．そして，このような関係は上の例だけでない．たとえば電場をかけたときの電流を応答，それを電場の大きさで割ったものが応答率（電気伝導度），一方，電場をかけないときに熱揺らぎで生じる電流揺らぎ，という設定では，電気伝導度と揺らぎの間の比例関係となる．このように通用例は多岐にわたる．こうした関係式は物理学では揺動応答関係（ないし揺動散逸定理）とよばれている（ただし，この関係は熱平衡状態の近くで示されたものである）．

そこで，この考えを一般化してみよう．そのために，ある安定した状態があり，その状態を記述する変数がある値のまわりで揺らいでいる場合を考える．この変数の分布が，一山の分布となっているとする．この設定のもとで，その系の状態をコントロールするパラメータ（まわりの化学成分の濃度などの外部環境でもよいし，細胞の状態をコントロールする遺伝子でもよい）が少し変化したときに，分布がどう変わるかを考えてみると，揺らぎ（＝分布の幅）と応答（＝パラメータの変化による分布のピークのずれの度合）の間に，ある条件下で比例関係が成り立つ（詳しい条件は論文[9]参照）．ここで，重要なのは，生命システムを $\{$**状態** x；**分布** $P(x;a)$；a**パラメータ**$\}$ という見方でとらえようという基本仮説である．そのもとでは，「力」は**パラメータ a を変える**ものとしてとらえられる．

以上の揺らぎと応答の関係を進化に適用しよう．これまでみたように，同じ遺伝子をもった個体でも表現型は揺らぐ．揺らぎの度合は $P(x)$ の分布から

くる x の分散である．一方である形質 x の高い個体を選択していく人為淘汰は，表現型をある方向へと「ひっぱる」ための遺伝子の選択過程なので，a を変える「力」に対する x の応答とみなせる．すると［応答率 = 1 世代での表現型 x の増加（進化速度）を突然変異率で割ったもの］，［揺動 = x の分散］とみなせられる．では実際にこの 2 つは関係しているだろうか．

例として，大腸菌の中に導入したタンパクの蛍光を強めるという人工進化実験を考える[9]．まず弱く蛍光を発するタンパクを合成する遺伝子を大腸菌に導入する．この大腸菌に世代ごとに突然変異を加える．ここでは塩基配列をある割合で置換する．そうやってつくられた変異体の中から，より強く蛍光を発した大腸菌を選択する．それを次世代の菌として，そこからまた変異と淘汰を繰り返して行く．

この場合，大腸菌の遺伝子が変異すると，中で合成されるタンパクの性質や量が変わる．その変異体の中から蛍光の高い大腸菌を選ぶので，この淘汰過程は遺伝子というパラメータをひっぱる「力」に対応する．すると，進化速度は遺伝子の変化に応じて蛍光強度（の平均値）がどれだけ応答するかの度合になる．一方，すでに述べたように同じ遺伝子をもっていても，細胞内での蛍光量は一定でなく分布している．これが表現型の揺らぎである．つまり，揺動は，蛍光強度の揺らぎである．そこで，蛍光の分布を測ることによって，揺動応答関係を確認できる．

実験結果によると，各世代での蛍光（正確には蛍光量の対数）の増加は，世代ごとに減っていき，それとともに蛍光量（正確にはその対数）の表現型揺らぎも減っていく（図 3 参照）[*2]．完全に比例しているかどうか確認できる実験精度ではないけれども，表現型の揺らぎと進化速度との間に正の相関が見いだされ，揺動応答関係を支持するデータが得られている．

実験だけでは精度が不十分であるので，第 3 節で用いた細胞モデルを使っ

[*2] 先に述べたように，成分量の分布は，対数正規分布に従い，実験での蛍光量も対数正規分布に従う．一方で，揺動応答関係の定式化はガウス分布に従う量に対して正当化される．そこで，扱う表現型の量 x は，蛍光量や成分量の対数をとったものとする．（実際表現型は log をとって測ることは従来の進化理論で提唱されている）．log（蛍光量）や log（成分量）を表現型 x とすることで，実験，シミュレーションの結果は理論と整合している．

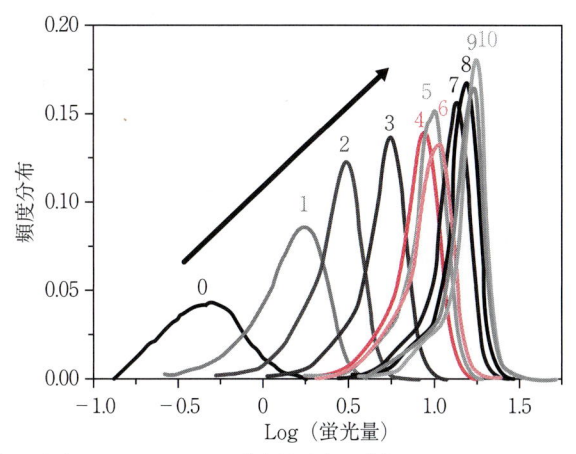

図3 同一遺伝子をもったバクテリアの蛍光量分布の進化
図の1, 2, …は各世代を表わし，世代間で，突然変異を導入し，（平均）蛍光強度の最も高い種類を選択している．横軸は蛍光量の対数．

て，ある成分が多いほど適応度が高いとして，この細胞の反応ネットワークを進化させてみた．具体的には，元のネットワークからある割合（突然変異率）で，ネットワークのパスをつなぎかえる．そうやって作った1000種類ネットワークに対し，前節の細胞モデルダイナミクスをシミュレーションし，決められた成分の量（x_{10}）を測る．その値が最も多いネットワークを選択し，それから再びネットワークを変異率で変更して1000種類用意して次の世代をつくる．この過程を繰り返して，次第にこの成分量が多い「細胞」を進化させていく．前節で述べたように，同じネットワークをもった細胞でも，この成分量は揺らぐ（対数正規分布を示す）．そこで，この$\log x$の分散が，理論での揺らぎ（揺動）である．一方，世代ごとにその成分量（$\log x$）がどれだけ増加したか（進化速度）が応答である（前の脚注も参照）．そこでこの両者が比例するかを調べてみた．図4に示すように，決められた変異率で進化させていった系列に対して，この両者は比例している．一方，進化速度は変異率を（それにほぼ比例して）上昇するので，両者の比例係数はそれとともに変わっていく．いずれにせよ，この細胞モデルでは，上の揺動応答関係は成立している[11]．

以上の結果は次のように言い換えられる：表現型の揺らぎが小さいと，進化させるのにより大きな遺伝子への操作（変化）が必要であり，表現型の揺らぎ

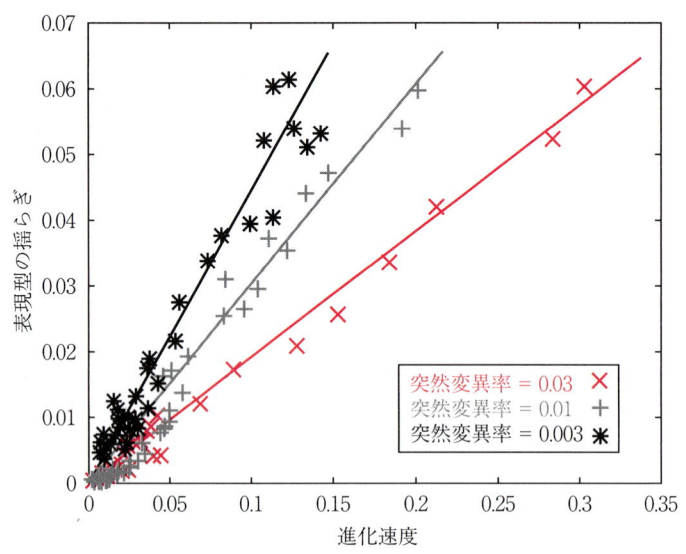

図4　細胞モデルにおける進化
各世代で触媒反応ネットワークに表示した割合で変異を加え，その中で決められたある成分量が多い種類を選択し，そこから変異させて次の世代を作り，その過程を繰り返す．世代間でのlog（成分量）の増加を横軸に，各世代でのlog（成分量）の分散を縦軸に示した．世代の進行とともに，小さい値の方に向かっていく（つまり，揺らぎも進化速度も下がっていく）．

が大きいと進化しやすい．これは表現型揺らぎの1つの生物学的意義を与えている．

　なお，このモデルでは最初から遺伝子が1つのパラメータ a で記述されると仮定したわけではなく，進化は非常に多成分からなるネットワークの変異を通して起こっている．実験でも遺伝子の変化は多くの塩基配列の変化からなっている．その意味で，この揺動応答関係の成立は自明な結果ではない．そこでもう少しこの結果の意義を次節で考えてみよう．

4　遺伝子の変異による揺らぎと表現型固有の揺らぎの一般関係──氏か育ちかに向けて

　前節の結果で重要なのは，「同一遺伝子をもった個体間での表現型揺らぎ」と進化の関係が見いだされた点である．その一方，進化論の基本定理によれ

ば，進化速度は「遺伝子の変異がもたらす表現型揺らぎ」に比例している．どちらも進化速度に比例するのであるから，この2つの法則が整合するためには，「同一遺伝子をもった個体間での表現型揺らぎ」と「遺伝子の分散による表現型揺らぎ」の間に（比例）関係があるということになる．ここでは前者，クローンでの表現型の分散を V_p，後者，遺伝子の変異による表現型の分散を V_g で表記しよう．この両者が比例していると考えざるをえないのであるが，前者は同じ遺伝子をもった個体間の差異，後者は遺伝子の変異による違いであり，両者が比例するというアプリオリな関係性は存在しない．この両者の関係を一般に示せるのであろうか？そして実際に比例するのであろうか？

前節では，遺伝子型を a，表現型 x としたときに，a をパラメータとして分布 $P(x;a)$ を考えたのであるが，ここでは x も a も変数として同等に扱い 2 変数分布 $P(x, a)$ が存在するとしてみよう（ここは大きな仮定）．この2変数分布が進化的に安定していると要請する．つまり，この分布が1つのピークをもち続けるという条件を課す．そのあとで，表現型 x の平均は遺伝子型 a で決められるという関数関係を置く．すると，進化的安定性条件を変形していくと，上の表式で $V_p \geqq V_g$ が示される．V_g はおよそ突然変異率 μ に比例して増加することに注目する．一方，V_p は同じ遺伝子をもった個体間の性質なので，次世代でどれだけ遺伝的変異が起こるかを表わす μ には直接は依存しない．そこで，突然変異率 μ を増していくと，ある μ_c で上の不等式をみたさなくなる．その変異率 μ_c では V_p と V_g が等しいこと，そして V_g はおよそ μ に比例することに注意すれば $V_g = (\mu/\mu_c) V_p$ がなりたつ．まとめると[11,12]

(1)「同一遺伝子個体での表現型の分散」V_p は「遺伝子の変異による表現型の分散」V_g 以上である．

(2) 分布が不安定になる変異率 μ_c が存在する．それを超えると表現型の分布が1つのピークを全体的に広がってしまう．実際は，適応度の高い表現型には限りがあるので，むしろ非常に低い側に広がった分布ができる．つまり，次世代に，高い表現型を継承させられなくなる．そこで，進化を通して適応度を維持ないし上昇させられなくなり，進化が進まなくなる．

(3) μ_c を用い，さらに V_g が変異率 μ に比例するという近似の範囲内では V_p と V_g の比例関係がいえる．

(4) 進化速度は V_g に比例する（自然淘汰の基本定理）ので，進化速度を最大にするのは V_p と V_g が等しい場合である．

　もちろん，これは最初の仮定と要請をふまえた結果である．そこで上記理論の妥当性を検討するために，再び前節で述べた細胞モデルの進化を考える．ネットワークを変異させて，あるタンパク量が多いものを選択して，進化させていくシミュレーションである．ある世代で，異なる遺伝子をもった分布を考え，その個体ごとでその成分の平均を求め，それを1000種類の遺伝子個体に対して求め，それにより，V_g を求める．一方，そのときに1つの遺伝子をもった個体に対し1000回シミュレーションを行って，その成分の揺らぎを（2節の分布から）測る．こちらから V_p が得られる．そこで，世代ごとに V_p，V_g をプロットしたのが図5であり，実際，比例関係がみてとれるであろう．ここで，変異率をさらに増していくと勾配が上がっていき，しだいに $V_g = V_p$ のラインに近づく．一方，（遺伝子の異なる）細胞ごとの成分量の分布は，変異率を増すとだんだん広がっていき，ある変異率 μ_c で一挙に非常に低い値まで広がってしまう．およそ，この変異率 μ_c で，V_g と V_p の関係は図5の対角線に近づいている．以上をまとめると，理論での予測（1）～（4）が細胞モデルで確認されたといえる．一方，実験での検証は現在進行中である．

　思い起こすと，揺動応答関係の源はEinsteinのブラウン運動理論[13]であり，そこではミクロな分子の運動とマクロな流体の運動の整合性が基盤であった．一方，上記の理論は遺伝子（分子）レベルからくる揺らぎと，生物の外に現われる表現型の揺らぎの整合性をもとにしているので，Einsteinの精神にのっとった考察ともいえる．

　では，そうした遺伝子-表現型の整合性を考える理由は何であろうか．Waddington[14]はかつて，「遺伝的同化」（genetic assimilation）という考えを提唱した．これは環境によって生じた表現型の変化が遺伝的に固定されていくというものである*3．分布 $P(x, a)$ という考えは，遺伝子の変化と表現型の変化を同じように扱う，という点で，Waddingtonの考えの「揺らぎ版」とみなすこともできる．

　細胞内の反応を考えれば，表現型としてみたタンパクの量が変われば，それ

＊3　これはDarwinの進化論の枠内できちんと定式化できるものである[1]．

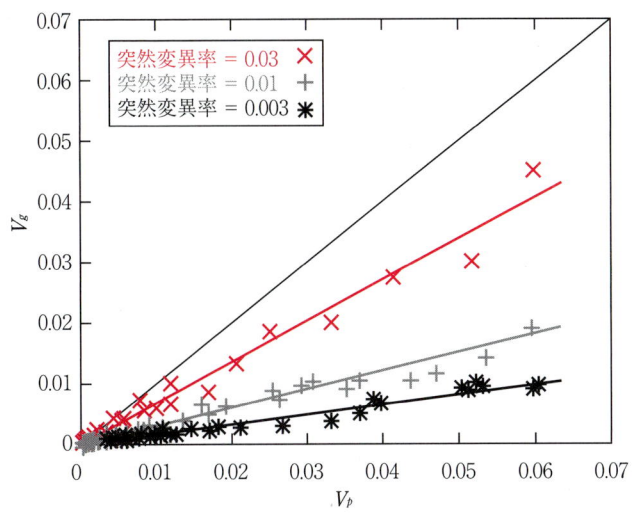

図5 進化実験での V_g（縦軸）と V_p（横軸）の関係
0.03, 0.01, 0.003の突然変異率に対して，進化実験を行い，その系列で両者をプロットした（図4のように世代の進行とともに V_g，V_p ともに減っていく）．変異率を大きくすると傾きが上がっていくが，対角線 $V_g = V_p$ に近づくまで，変異率を上げてしまうと，成分濃度の（対数の）分布が広がり，ほぼフラットになって進化が進まなくなる．

に応じて関連した反応のレートが変化する．一方で，遺伝子が変わると，反応の触媒活性が変化するので，やはり反応のレートを変化させる．その意味で，遺伝子が変えられることと表現型が揺らぎで変わりうることを同一次元に論じることは可能であろう．こう考えると $P(x, a)$ の分布の導入も正当化されるのではないだろうか．

最後に $V_p \gtrsim V_g$ について論じよう．この不等式は遺伝子でどこまで表現型が決定されるのか，あるいは発生過程での揺らぎなどによって，同じ遺伝子をもった個体でも表現型がどこまでばらつきうるのか——俗な言い方をすれば「氏か育ちか」——に制限を与えている．まず V_g が遺伝子が異なることによる表現型の分散であり，V_p は同じ遺伝子をもった個体が「育ち」ごとに異なることによる表現型の分散であることに注意しよう．すると，（雑な表現を許していただければ）上記の不等式は次のように言い換えられるかもしれない：「遺伝子（「氏」）は表現型の平均値を決める上でもちろん重要ではあるが，その差異と同等以上の個体間の揺らぎ（「育ち」）が存在する」（これは，もちろん，

生存度合い（適応度）に関係する表現型に関してであって，子孫を残す度合いに関係しない性質に関してはこの限りではない）．

ちなみに，表現型の変化のうち，遺伝子変化で決められている割合は「遺伝率」と定義されている．おおざっぱにいえば，ここで述べた理論では $V_g/(V_p+V_g)$ が遺伝率に対応しているといってもよいであろう[*4]．すると上の不等式は，淘汰にかかる，安定した形質に関しては，遺伝率が0.5以下であることを示唆している．実際のデータをみると遺伝率は 0.3 から 0.5 の間をとることが多いようである．

まとめ

「生物は増えるものだ，だからそれに由来する普遍則がある，それが進化だ」が Darwin のメッセージだったともいえよう．われわれは，生物の内部状態の揺らぎやダイナミクスに着目し，それが安定して増殖していくためにみたすべき遺伝，細胞増殖，適応，分化，発生，進化の普遍法則を見いだしてきた[1]．

そのために，本質を抽出した数理モデル，理論物理，生物実験が一体となって研究を進めている．もちろん，理論物理のアプローチは，あまりに個別的な問題には有効でないかもしれない．しかし，生物のもつ可塑性，安定性，進化可能性，さらにはそれらの関係といった一般的な問題には欠かせないものであろう．個別分子を知らずに熱力学ができたように，細かい部分を捨象して，遺伝，発生，進化の一般的な理論を構築していく——3つの立場が一体となってこの研究を進めていきたい．

謝辞　共同研究者の古澤 力，四方哲也両氏に深謝したい．

参考文献

[1]　生命とは何か—複雑系生命論序説，金子邦彦（2003）東京大学出版会

[*4]　従来の見方では V_g 以外の分散はすべて環境由来とみなされている．もし環境の差をあらわに考えるのであれば V_p に環境由来の分散を加えることも可能であろう．

[2] 金子邦彦・津田一郎 (1996) 複雑系のカオス的シナリオ，朝倉書店
[3] たとえば，Ueda, M. *et al.* (2001) *Science*, **294** (5543), 864
[4] Furusawa, C. , Kaneko, K. (2003) *Phys. Rev. Lett.*, **90**, 088102
[5] この反応は増やす反応だけなので，一見，「負のフィードバック」のような抑制的な効果がないようにみえるかもしれない．しかし，ある成分 l から m の反応が進めば成分 l が減り，結果として l が触媒する反応を抑えることになるので，抑制的効果をもつ．
[6] この細胞モデルに対し，遺伝子の転写・翻訳や代謝経路といった「現実」の細胞にある要素が入っていないから意味がないと考える方もいるかもしれない．しかし，そういった細部の要素を導入し，どこまでもモデルを精密にしても，この性質は同じように現われるであろう．ゆえに，それら細かい要素を加えることは現象の本質を曖昧にするだけであると考え，そのような手間は取らないというのがわれわれの立場である．
[7] Furusawa, C. , Suzuki, T., Kashiwagi, A., Yomo, T., Kaneko K. (2005) *BIOPHYSICS*, **1**, 25
[8] Elowitz, M. B., Levine, A. J., Siggia, E. D., Swain, P. S. (2002) *Science*, **297**, 1183
[9] Sato, K., Ito, Y., Yomo, T., Kaneko, K. (2003) *Proc. Nat. Acad. Sci. USA*, **100**, 14086-14090
[10] たとえば，岩波現代物理学の基礎 6　統計物理学（戸田盛和・久保亮五）；L.Reichl：A modern course in statistical physics（University of Texas Press）（翻訳，現代統計物理，丸善）
[11] Kaneko, K. Furusawa, C. (2006) *J. Theo. Biol.*, **240**, 78-86
[12] Kaneko, K. (2006) Life：An Intoroduction to Complex Systems Biology, Springer, Chapt. 10
[13] Einstein, A. (1905) *Ann. der Physik*, **17**, 549-560（Einstein 選集 1（共立出版）に日本語訳）
[14] Waddington, C. H. (1957) The Strategy of the Genes, Allen & Unwin, London

第 2 部

脳認知科学

第8章

アルツハイマー病の謎を解く融合科学

石浦　章一

　東京大学・大学院総合文化研究科・広域科学専攻に設置された21世紀COE研究「融合科学創成ステーション」の大きなテーマの1つである認知機能の解明は，科学に残された最後の砦の1つであり，1つの研究室の努力で達成できるほど簡単なものではない．私たちは，脳科学・分子生物学・医学と植物学を融合させた今までにない科学の創造を目指して立ち上がった．対象は，現在のところまったく解決されていない難題でなければならない．しかも，誰もが関係しており，多くの人たちの協力が得られるものでなければならない．ここでは，認知機能の変化がはっきり現われるヒトの病気であり社会的にも経済的にも今後の人類の健康問題に大きく関わるアルツハイマー病とその治療を題材に，最新の手法と多くの知恵が交差して新分野の開拓の先駆けともなっている私たちの研究をご紹介しよう．

はじめに

なぜ私たちがアルツハイマー病を標的にしたのか，なぜ融合科学が必要なのかについて述べてみたい．この病気は，1908年のアルツハイマーによる患者の報告以来，どの人種にも一定の割合で発見され，しかも症状は似ていた．いったん発病すると介護など家族の負担は大きく，社会的な損失も大きい．しかしながら治療法となるとまったくと言っていいほどなく，対症療法がいくつか知られているだけであった．また研究者も医学関係が圧倒的に多く，原因が明らかになっているわりには，斬新なアプローチがとられていない．そこで私たちは，異なる方向からの研究も必要ではないかということに気づき，共同研究をつのった．話に入る前に，まず読者の皆さんにはご自分の寿命について考えていただこう．そのあと，私たちがとった手法を見ていただきたい．

1 あなたの寿命の予想

まず，あなたの寿命を次のテストから予想してみよう．平均寿命を76歳として，以下の質問に答えていって数字をプラスマイナスすると予想寿命となる．暗算で行うことができるだろうか．@あなたは，今，何歳ですか．30〜50歳なら（＋2），51〜70歳なら（＋4）．それ以外はそのまま．@あなたが男性なら（－3），女性なら（＋4）．@200万人以上の都会に住んでいるなら（－2），1万人以下の町なら（＋4）．@祖父母の1人が85歳になったことがあるなら（＋2），2人とも80歳を超えたなら（＋6）．@両親のどちらかが50歳以前に心臓疾患で亡くなっているなら（－4）．@年収1000万円を稼いでいる人は（－2）．@大卒なら（＋1），大学院卒では（＋2）．@65歳以上で，まだ働いているなら（＋3）．@連れ合いがいるなら（＋5），現在，独身は（－3）．@その独身時代が10年以上続いているなら，10年ごとに（－3）．@座る仕事は（－3）．運動が必要な仕事は（＋3）．@週5回，30分の運動を続けているなら（＋4），週2〜3回なら（＋2）．@1日に10時間以上寝る人は（－4）．@1日にたばこ2箱以上は（－8），1–2箱は（－6），半分から1箱は（－3）@標準体重より20kg以上オーバーなら（－8），10

〜20 kg なら（−4），5〜10 kg なら（−2）．@あなたが40歳を超えた女性のとき，毎年，婦人科医に診てもらっているなら（＋2）．

　平均寿命を超えただろうか？これは2004年に，*Nature* という権威ある科学誌のコラムで発表されたものの一部である．冗談半分にせよ，私たちが思っているよりも現実は厳しいようで，独身やタバコのリスクは思ったよりも大きそうである．長生きしたいのは誰の望みでもあるが，それよりも健康で長生きをしたい，誰にも迷惑をかけたくない，というのが本音ではないだろうか．アルツハイマー病などはもってのほかだ，とお考えになっているだろう．しかし，誰にでも可能性はあるのである．本章では，認知機能が衰えるアルツハイマー病をいかにして今までとは違った方法で克服するか，科学の進歩と可能性はどこまで期待できるか，という話をすることにしたい．

2 アルツハイマー病とは

　認知症の代表例ともいえるアルツハイマー病は，実はなかなか判定が難しい疾患である．たとえば，脳卒中の後遺症で認知障害を起こす人もいるし，脳に負った外傷がもとで認知症になる人もいる．ところが，アルツハイマー病といわれているのは，脳をCTスキャンで見ても傷などの特徴はなく，出血や梗塞の跡も見られないものの総称なのである．今朝何を食べたかわからない，子どもの顔もわからない，などの症状とともに，脳の萎縮が判別材料の1つである．しかし本当にアルツハイマー病と判定されるのは，死亡後の解剖のときで，そこには老人斑とよばれるものや神経原線維変化とよばれる構造体が見られるようになる．実際は，死後に鑑別診断がつくのであるが，これでは役に立たないというので，画像をもとにリアルタイムで診断できないか，とか，アルツハイマー病の前段階（何となく忘れっぽいようだとか，新しい技術が身につかない）の診断は可能か，などの研究が行われている．

　皆さんは驚くかもしれないが，実はアルツハイマー病の脳とダウン症の脳は，似たところがある．実はこれがアルツハイマー病の原因を解く鍵になったのであった．人間には遺伝子をもつ染色体が1つの細胞に23組，46本存在する．もちろん半分は父親から，半分は母親からきたものである．一番長い第1

染色体から小さな第22染色体までと，性を決定するXとY染色体で構成されている．ご存知のように，性染色体は女性ではXX，男性ではXYという組成となっていて，卵子にはXが1つ，精子にはXかYが入る．受精後の子どもの性を決めるのは，精子の方である．

ダウン症の患者は，第21染色体が3本存在する．この患者では，10歳代の後半から脳にある物質が蓄積し始め，通常の人でこれの蓄積が始まる50歳代には，もう完璧に脳に蓄積しており，それが立派な老人斑を作る．その蓄積物の正体は，アミロイドβタンパク質（Aβ）という小さなタンパク質であった．

3　家族性アルツハイマー病の発見

アルツハイマー病といわれるものには，大きく分けて2つのカテゴリーがある．1つは長寿に伴うもので，このほとんどは家族歴がない孤発性であり，動脈硬化や高血圧などの生活習慣（環境要因）に伴う二次的障害といわれている．もう1つは，遺伝する家族性アルツハイマー病で，こちらの方は40歳代で認知症になり，ある意味で最も悲惨な病気である．後者はどの人種にも認められ，全認知症患者の5～10％を占めている[1,2]．この家族性アルツハイマー病の原因遺伝子は現在までに3つ知られていて，それがアミロイド前駆体タンパク質（APP），プレセニリン1，そしてプレセニリン2という名前でよばれている．名前のように，APPからAβが作られることも明らかになった．またAPPの遺伝子座が第21染色体にあることがわかり，第21染色体が通常の1.5倍多いダウン症が同じ症状になるのも，このせいではないか，と考えられている．

これとともに，アルツハイマー病になりやすい体質（これを遺伝的素因とよぶ）をもつ人はいるのだろうか．実は，このことも家族性にアルツハイマー病になりやすい人たちの研究から明らかになってきた．この素因として一番有名なものがアポリポタンパク質E（略称，アポE）という遺伝子の変異である．普通の人ではシステインというアミノ酸になっているところが，アルツハイマー病になりやすい人ではDNAの1文字の変化でアルギニンというアミノ酸に変異していることがわかってきた．30億もあるDNAの情報のうち，たっ

た1つが変化しているだけでアルツハイマー病にかかりやすくなるのである．このアポEは血液中にある脂肪輸送タンパク質なので，たぶん，神経細胞に栄養分の脂質を運ぶ機能が冒されて認知症になるのではないかといわれている．皆さんから髪の毛を1本いただければ，システインかアルギニンかがわかるのだが，調べてほしいと望む人は少ないと予想される．

　読者の中で，こんなテストは絶対に嫌だ，という方はいなかっただろうか．65歳で認知症になるリスクが他人の10倍ある，といわれて嬉しい人はいないが，検査を拒否するのはどうも間違いらしいことがわかってきた．素因をそのままにして，タバコを吸い，大酒を飲むと，認知症になる確率は高くなる．しかし，リスクの高いアルギニンをもつ人が運動を始めると，システインをもつ人よりもコレステロールが減少する確率も高くなることが発表された．遺伝子診断をして，もしリスクが高いと出ても，あとは運動し体調に気をつければリスクは回避される可能性もでてくるのである．

　ここでわかった重要なことは，遺伝性（変異遺伝子が家族性に伝えられている）のものもそうでない孤発例（遺伝子変異がその人にだけ起こった）もまったく同じようにAβが脳に蓄積するので，基本的な発症メカニズムは同じと考えられていることである．もしこれが正しいなら，遺伝性のアルツハイマー病の研究からわかったことが，すべての人に応用できる．

4　アルツハイマー病になるメカニズム

　遺伝性，孤発性アルツハイマー病の両方の研究からわかったことは，アルツハイマー病の脳に蓄積しているAβが、どのようにして作られるか，という流れだった．図1を用いて説明しよう[3]．

　実はAβは，膜を貫通しているタンパク質であるAPPから切り出されて作られることが明らかになっている．図に示すように私たちの脳では，APPというタンパク質はαセクレターゼというタンパク質分解酵素によって矢印の部分で切断される．切断点がAβの真ん中にあるため，Aβは切られてしまい蓄積しない．このαセクレターゼの本体は，私たちの研究によって1999年から2006年にかけて，ADAM 9, 10, 17, 19というタンパク分解酵素（プロテ

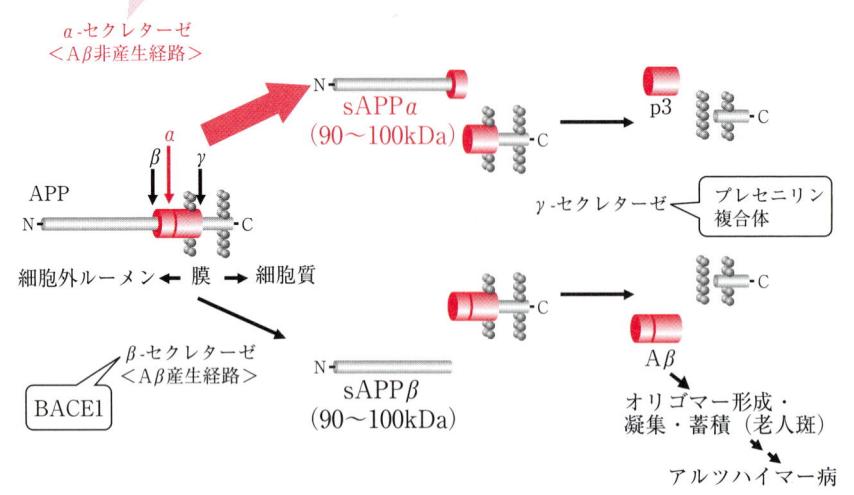

図1 アミロイド前駆体（APP）の代謝とAβの産生
老人斑の主成分であるAβは，Aβ産生経路でつくられるが，通常は非産生経路が働くためAβの蓄積は起こらない．

アーゼ）の一群であることが明らかになった[4]．

ところがアルツハイマー病の脳では，こうではなく，APPにまずβセクレターゼが働き次に，膜の中でγセクレターゼによって切られてAβが作られることがわかってきた．実際はα経路とβ，γ経路の両方の切断は誰の脳でも起こっているのであるが，この後者のアミロイド蓄積経路（β，γ経路）へバランスが傾くとAβ産生が高まり，何十年もかかって脳にAβが沈着する．1999年頃から，このアミロイド蓄積経路に働くプロテアーゼの同定が進み，βセクレターゼの本体は細胞内のゴルジ体やラフトとよばれる細胞膜の脂質が多い画分に存在するBACE1という酵素であり，γセクレターゼはプレセニリン，ニカストリン，Pen2，Aph1という4種類のタンパク質複合体で，膜に深く埋もれていることが明らかになった．特に，BACE1の阻害剤はアルツハイマー病の治療の第一標的として注目を集めている[5-7]．

もう一度まとめると，アルツハイマー病の脳ではアミロイド蓄積経路の方が優位に働き，Aβが沈着している．これが脳内で異物を分解する役割を負って

いるミクログリアを呼び込み，活性化されたミクログリアが活性酸素を放出して，最終的に神経細胞が死んでいくらしい．

5 融合科学を用いたアルツハイマー病へのアプローチ

　私たちは，何か新しい方法を用いて $A\beta$ を除くことができないかと考え，ワクチンの作製を試みた．$A\beta$ ワクチン療法とは，$A\beta$ を摂取させて体内で抗 $A\beta$ 抗体を作らせる，というものである．直接，抗 $A\beta$ 抗体を投与することにより，抗原抗体反応を介して脳内の老人斑を消失させるという方法もあるが，急性毒性がありそうである．過去に，APPトランスジェニックマウス（PDAPP）を用いた動物モデルを用いて，$A\beta$ ワクチン療法により，脳内 $A\beta$ レベルの著しい低下とともに，記憶障害の低減，さらには行動異常の改善も認められた，という報告がなされている．このような結果を受け，ヒトへの応用が行われた．ところが，第二相の段階で，約5％の患者にワクチン療法後に髄膜脳炎症状が見られ，このワクチン療法の世界規模での挑戦は中断せざるを得なくなったのである．

　私たちは，もっと穏やかな方法で抗体を作らせることができないかと考え，経口ワクチンを考えた[8]．これだと，急激な髄膜脳炎などの副作用が出ない可能性があるからである．現在までに，大腸菌から精製したタンパク質を直接食用にする方法から，米，タバコ，ジャガイモ，トマト，バナナ，アルファルファ，大豆，トウモロコシなど植物にタンパク質を発現させて経口ワクチンとする方法が実際に臨床応用されている．タバコは，ウイルスに遺伝子を組み込んで感染させる系が利用されているが，アルカロイドを含むため残念ながら食用には適さない．ジャガイモは，アグロバクテリウムを使った遺伝子導入が容易なのだが，生で食べることができないため，熱に弱いタンパク質を用いる場合には利用価値が下がる．逆にトマトは生食が可能なためタンパク質の発現にはいいのだが，培養系がないことと酸性の条件で失活してしまうタンパク質の場合には利用できない．バナナは大量生産できるので食用には適しているが，遺伝子のことがよくわかっておらず，閉鎖系で作るのは大きすぎる．アルファルファは葉にタンパク質を多く含むので宿主としてはいいのだが，飛散の可能性

図2　ピーマン葉でのGFP-Aβ40の発現
Aβは，GFPとの融合タンパク質でピーマン葉に発現させた．図の白く見えるところがGFP-Aβ40の蛍光．

が高い．となると，種子に発現させる大豆とトウモロコシが遺伝子改変には都合よく，そのために多く用いられているのである．しかし実験室レベルには，もっと利用価値の高いものがあると気がついた．

　興味をもっていただいた大学の同僚である渡辺雄一郎氏の協力で，まず最初に，発現が容易なタバコ葉にAβ遺伝子を組み込んだタバコモザイクウイルス（TMV）を塗布しAβをタバコ葉に発現させることに成功した．ウイルスは，塗布した葉から別の葉に感染することもわかった．しかしながら，タバコの葉では食用に不向きである．そこで，同じナス科のトマトにも発現することを試みたが，これも発現量が低かった．そこで，同属のピーマン本体に発現させることを試みたが，これもAβ発現量が少なかったので，最終的にトバモウイルス（TMVに似たウイルス）ベクターを用いてGFP-Aβ-融合タンパク質としてピーマン *Capsicum annum* var. angulosum 葉に発現させることに成功した（図2）．発現量は，葉1g当たり約90～100 μg と十分量が得られた．現在，家族性アルツハイマー病スウェーデン型変異（βセクレターゼが切断する部位のアミノ酸がKM→NLに変異しているもの）をもつTg 2576マウスに，経口アジュバントとしてコレラトキシンBサブユニットを混合したものを経口ワクチンとして投与しており，対照としての皮下注射のマウスともど

も抗体価の上昇が認められている．もしも副作用がなく老人斑の減少が認められれば，ヒトへの応用が期待される．

おわりに

このように，遺伝子研究から明らかになったヒトの病気の治療に，植物ウイルスを用いたタンパク質発現系を利用する，という斬新な方法は，わが国では初めての試みであり，脳科学・分子生物学・医学・植物学を融合した新しい生命科学手法の確立という21世紀COE「融合科学創成ステーション」の柱として注目される結果となった．本研究は，1つの目的に向かって異分野の研究が融合して結実したものであり，これを期に2つの研究室の共同実験体制が深まっていき，新しい次のワクチン開発にとどまらず，共通テーマの大学院生の両研究室での発表（事実上の副指導教員制度）にまで進んだ．ここでは紹介できなかったが，筋強直性ジストロフィーという病気と線虫のRNA結合タンパク質の機能解析というまったく異分野の融合も可能になったことなど，融合の種が芽生えていることも大きな成果といえよう．

参考文献

[1] Tanzi, R.E., Bertram, L. (2005) *Cell*, **120**, 545–555
[2] Casserly, I., Topol, E. (2004) *Lancet*, **363**, 1139–1146
[3] 石浦章一・服部千夏（2004）蛋白質核酸酵素，**49**，2179–2185
[4] Asai, M., Hattori, C., Szabo, B., et al. (2003) *Biochem. Biophys. Res. Commun.*, **301**, 231–235
[5] 石浦章一・木曽良明（2006）日経サイエンス，4月号，64–69
[6] 石浦章一（2006）*BIO Clinica*, **21**, 231–236
[7] Asai, M., Hattori, C., Iwata, N., et al. (2006) *J. Neurochem.*, **96**, 533–540
[8] Szabó, B., Hori, K., Nakajima, A., Sasagawa, N., Watanabe, Y., Ishiura, S. (2004) *ASSAY and Drug Development Technologies*, **2**, 383–388

第9章
脳が作る性ホルモンと
記憶学習の謎に迫る融合科学

川戸　佳

　われわれは脳科学・生物学・物理学からなる融合科学を立ち上げて研究を進めている．たとえば，生物学の分野で，卵から成体を作る際の誘導因子としてアクチビンが浅島研究室において発見された．このアクチビンは哺乳類では性ホルモンとして働いているのだが，川戸研究室の生物物理学的解析では，アクチビンが大人の脳の記憶中枢でも合成されていて，脳の認知機能を制御していることが見いだされた．これは神経内分泌学という既存の分野を，大きく変革するという意味をもっている．これまでは体の性腺でのみ合成されて，血流に乗って脳に到達し，脳の生殖中枢に働くと考えられてきた性ホルモンが，脳内で独自に合成されて，生殖のみでなく記憶学習を制御していることになり，まったく新しい融合科学の分野を作ることができるわけである．

第 9 章　脳が作る性ホルモンと記憶学習の謎に迫る融合科学

> はじめに

　脳で行われる認知機能研究の最先端トピックのひとつとして，われわれが行っている，脳が合成する性ホルモンが記憶学習の能力を改善する力があるという，面白い研究を紹介しよう．性ホルモンは男と女を創る，誰でも知っているホルモンである．生殖を司る性ホルモン機能は，世界中でゴマンと研究されてきた．性ホルモンによって，男性には筋肉がつき，女性には生理周期がある．ところで，脳の中ではどうだろうか？皆さんは，性ホルモンが脳内でも，男脳・女脳の区別をつけるように働いていると思っているのかな？つまり，脳の中でも「性」ホルモンとして働いていると思ってますか？この答えは Yes でかつ No である．性中枢である視床下部では確かに性ホルモンとして働いている．現在までの神経内分泌学はそのような性中枢の機能を研究することが多かった．しかし脳の中では「性」に関係なく働くことも非常に多い．ここでは，認知機能のように，男性・女性に関係なく働く場合を紹介する．女性ホルモン補充療法でアルツハイマー型の認知症（短期記憶ができない，物忘れがひどい）が改善されたり，うつ病が女性ホルモンで治ったりする．そしてこれらは，基本的には男性でも起こりうる．ところで，アクチビンも性ホルモンであることを知っている人はいるかな？アクチビンは脳で働くだろうか？人工性ホルモンである環境ホルモンは脳で悪さをするだろうか？本研究は記憶学習の中枢である海馬を対象としている．

1　脳内で合成される性ホルモン

　神経内分泌学にはセントラルドグマが存在する．われわれは，性ホルモン（ステロイド型ホルモン）は膜を透過して体の各部の細胞内に入り，核にあるステロイド受容体に結合して，性ホルモン効果を発揮すると，学ぶ．精巣や卵巣（内分泌細胞）から分泌されて血流に乗って体中を駆け巡り，脳に達してさまざまな作用をひき起こすことも学ぶ．生理周期によって女性の気分が変動するのは，エストラジオールとプロゲステロンの量の変動に依存するのである．これらは，いわゆる視床下部–脳下垂体–性腺軸によって支配されていると説明

第2部 脳認知科学

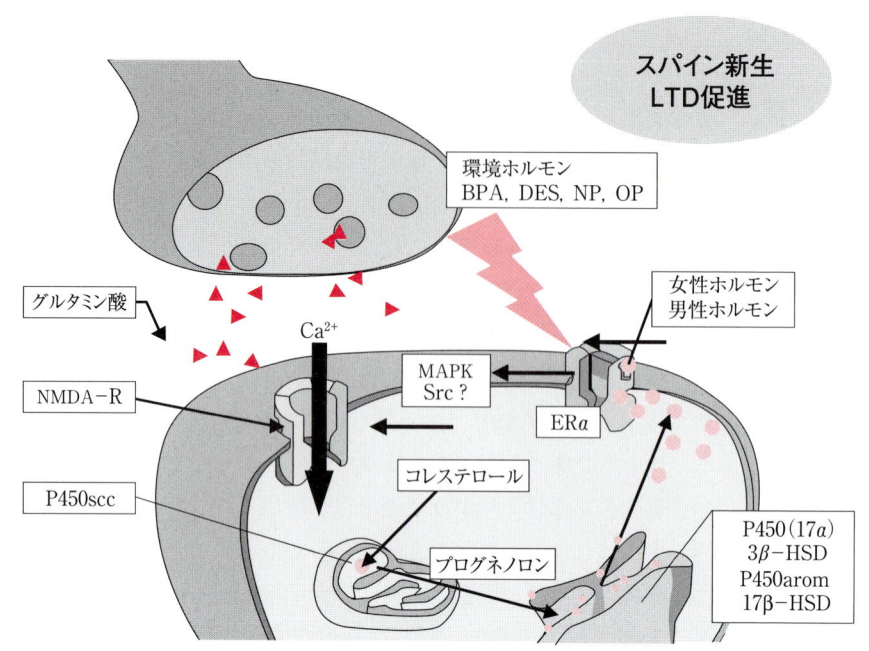

図1 神経シナプスでの女性ホルモン合成と環境ホルモンの作用の模式図．NMDA型グルタミン酸受容体（NMDA-R）には女性ホルモン・アクチビン・環境ホルモンなどが作用して，本文中に記述した特有の効果を示す．女性ホルモン合成と環境ホルモンは共に膜上女性ホルモン受容体ERαに作用して，長期抑圧LTDの強化や，スパイン密度の増加をひき起こす．ここには描いてないが，アクチビンもmRNAから合成され，シナプスのアクチビン受容体に作用して，スパイン密度の増加をひき起こす．またアクチビンは長期増強LTPを抑制する．P450scc, P450（17α）, P450arom, 3β-HSD, 17β-HSDは神経ステロイドの合成酵素．

される（hypothalamus-pituitary-gonadal axis）．これらは間違いではないが，これ以外のことが起こっていないと考えるのは，今や時代遅れの理解である．実は，脳自身が性ホルモンを合成していることが，われわれの研究も含めて，次第に明らかにされつつあるからである[5,11]．面白いことに，雄の脳が男性ホルモンを，雌の脳が女性ホルモンを合成するということは起こっていない．雄も雌も，男性ホルモンと女性ホルモンを合成している．脳の中にも，体とは独立なステロイド合成機能があるのではないかという予想は20年前からあった．脳の中にデヒドロエピアンドロステロンが存在し，副腎摘出をして血中のステロイドを除去しても脳のデヒドロエピアンドロステロンは低下しなか

第9章 脳が作る性ホルモンと記憶学習の謎に迫る融合科学

ったことからである[1]．体の末梢神経では合成が証明され，名前は神経ステロイドと名付けられた．

体ではペプチドホルモンとステロイドホルモンが車の両輪になって，細胞情報伝達を制御しているが，脳では事情が異なり，ペプチドホルモン型の神経情報伝達物質とその合成は多く見つかったが，ステロイドホルモン型の神経情報伝達物質はまったく見つからなかった．多くの研究者たちが脳内での合成系の探索に努力したが，合成酵素のシトクロム P450 の発現は副腎皮質や精巣・卵巣に比べて千分の1以下しか見つからなかったため，ほとんどの研究者は，脳での役割はたいしたものではないと，撤退してしまった．しかしわれわれの測定では，海馬神経活動にステロイドの急性効果がはっきり出るため，海馬内で合成があるに違いない！と感じ，研究室の全力をあげて抗体組織染色やステロイド代謝解析に挑戦した．ステロイド合成反応を行うシトクロム P450scc, P450 (17α)，P450aromatase など重要な酵素は海馬に発現しておらず，神経細胞には無いと信じられていた[1]．このため，下流のエストラジオール・テストステロンなどの性ホルモンは脳で合成されるのではなく，副腎皮質や精巣・卵巣で合成されて，血流に乗って脳に到達し，神経に作用すると信じられてきたのである．

われわれは，良い精製抗体を使い，光学顕微鏡や電子顕微鏡を用いた脳スライスの抗体染色で錐体神経細胞層や顆粒神経細胞層に沿って P450scc, P450 (17α)，P450aromatase が共存している様子を発見した[6,8]．発現している酵素群がシステムとして働いて神経ステロイドを産生していることは，各種のステロイドの産生を調べることで判定する．有機溶媒で抽出した脳内ステロイドを Radioimmunoassay や質量分析で測定した結果，これらはいずれも Basal Level では，海馬には血漿（血中）の2倍以上存在することがわかった．複雑な合成経路を徹底的に調べるためには ^{3}H ステロイドを海馬スライスとインキュベーションして，その代謝物を逐一 HPLC で解析する．この結果，コレステロールから始まり→テストステロン（男性ホルモン）→エストラジオール（女性ホルモン）という経路を雄・雌両方で発見した[5,11]．また，脳では神経活動が起こっているときのみステロイドが合成され[8]，24時間ステロイドを合成している体の内分泌器官とは大違いである．

2 エストラジオールは記憶・学習の神経伝達に効く

　閉経期に女性ホルモンが急激に低下することで発生すると思われるアルツハイマー病の治療で，女性ホルモンの経口投与が記憶学習能力の改善に大変よく効くことは臨床的に確立されている（この方法は現在のところ，残念ながら男性には適用できないのであるが）．内分泌される性ホルモンは，細胞質にある核受容体に結合し，遺伝子転写＋タンパク合成を経て，6時間から数日かけていわゆるステロイドホルモン効果を発揮し，性行動・性分化などを制御し，海馬では神経細胞死を抑制して神経保護を行うことが知られている．脳ではこの遅い作用に加えて，核受容体を経由することなく，1時間程度で急性的に作用し，神経細胞間の情報伝達効率を制御しているらしいことが，多くの研究からわかってきている．

　ラットの海馬に，1～10nMの低濃度エストラジオールを30分程度作用させて，高周波刺激を行うと，急性的にシナプス伝達の長期増強LTP（記憶をする過程）の程度がときどき変化することが観察される[2,6]．われわれは最近長期抑圧LTD（誤った記憶を修正する過程）がエストラジオール作用で強化されることを見いだした．長期増強では大量のCa^{2+}流入に駆動されてCaM KinaseⅡが働いて短寿命タンパク質が合成され，AMPA型グルタミン酸受容体がリン酸化されたり，あるいはシナプス膜上のAMPA受容体の数が増加する．長期抑圧では少量のCa^{2+}流入に駆動されてphosphataseが働き，AMPA型グルタミン酸受容体が脱リン酸化されたり，あるいはシナプス膜上のAMPA受容体の数が減少する．エストラジオールはこの過程をモジュレーションするわけである．合成測定から神経内エストラジオール濃度は1～6nM程度と評価されるので，生理濃度で効果をもつものと思われる．

　長期抑圧の制御の場合のエストラジオールは，良く知られている核の女性ホルモン受容体を介して，数時間以上かかって遺伝子転写を起こし，神経細胞の成長や神経ネットワーク構築を促進する効果[3]と比べると，非常に早いので，長期抑圧の制御は膜上の女性ホルモン受容体を介しているのではないかと考えられている．しかしこの膜上受容体の実態は世界的に明らかにはなっておら

ず，過去20年来，世界中の研究者が探索しているところである[4]．われわれは苦難の末，核の女性ホルモン受容体ERαが，細胞質以外にもシナプス膜に結合していることを発見し，これが探し求めていた膜上女性ホルモン受容体ではないかと考えている[9,10]．

3 アクチビンも海馬で合成され，神経可塑性に効く

　発生を誘導する分化ホルモンであるアクチビンは，哺乳類では性ホルモンとして知られており，卵巣・精巣の発達と成熟を調節し，視床下部－脳下垂体－性腺軸によって支配されている．海馬などの認知機能とは無関係であると信じられてきたわけである．われわれは，女性・男性ホルモンが脳内で合成されていることを発見したのと同じ考えで，アクチビンも海馬神経内で合成されているのではないかと思い，21世紀COEの主要テーマとしてアクチビン研究の本家である浅島研究室と共同研究を進めてきた．

　アクチビンの合成を調べるために，高純度のアクチビン抗体を用いて脳海馬を組織染色し，海馬全領域に渡りアクチビンが分布していることを見いだした．遺伝子解析により，確かに海馬神経にアクチビンmRNAが発現していることを示しつつある．アクチビン受容体が海馬神経に局在していることも組織染色で見いだした．アクチビンが記憶学習や神経可塑性に急性的に作用することを調べるために，電気生理のほかにシナプスの形態解析という手段を採用している．神経のスパイン（記憶貯蔵庫）はシナプス後部であり，その3次元形態は神経細胞に蛍光色素を注入して，共焦点顕微鏡で光学断層撮影を得ることで解析できる．この結果ラット海馬ではアクチビンはスパイン密度を増加させることを発見した．アクチビンを2時間という短時間作用させるだけで，小型の頭部をもつthin型スパイン（記憶を蓄える能力がある）の数が1.5倍ほど増加した．実は，これは，海馬スライスにエストラジオールを作用させてスパインの変化を観測した結果と結構似ていた．これらは早い効果なので，これまで良く知られている，6時間程度かかる受容体から遺伝子転写を介した遅い作用ではなく，新しい早いnon-genomic作用が，神経シナプスでは働いていることを示唆している．アクチビン受容体からスパイン形態変化までの情報伝

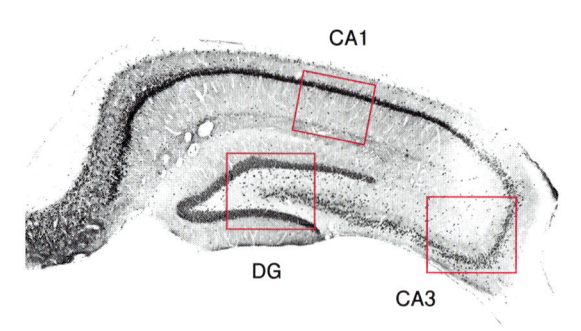

図2　海馬の神経細胞に分布するアクチビンの組織染色像

達を担う MAP kinase, Src kinase, NMDA 受容体などの経路は，これから解明していく必要がある．

4　環境ホルモン（外来性女性ホルモン）と記憶学習

　ここ10年ほど環境ホルモン（ビスフェノール（BPA）・DES・ノニルフェノール（NP）・オクチルフェノール（OP）・PCB・ダイオキシンなど）はマスコミで頻繁に取り上げられて社会問題として有名であるが，科学的な理解は不明確なことが多く，特に脳内での作用はよくわかっていなかった．環境ホルモンは多くの場合人工女性ホルモンで，したがってわれわれは環境ホルモンが脳内でも女性ホルモンの作用を撹乱すると予想して研究を行ってきている[7]．ビスフェノールや DES という環境ホルモンを海馬に作用させると，エストラジオールを作用させたときと良く似た，急性的な長期抑圧の強化が，電気生理測定で捉えられた．スパイン密度や形態に及ぼす効果もエストラジオールの作用と良く似ていることが観測された．ビスフェノールは1時間程度で体から脳に到達することもわかってきたので，環境ホルモンは大人でも脳に到達して，記憶学習をかく乱することは間違いないようである．一方，多くの研究から，ヒトやラットなどの哺乳類の体では肝臓が強力に解毒をするので，生殖器官にはあまり影響がないようである．しかし肝臓の発達していない魚貝類や両生類では，環境ホルモンは性転換などをひき起こすこともあり，かなり影響が大きい．脳内の性ホルモンの役割がわかると，環境ホルモンのかく乱作用

（毒ではない）もおのずとわかってくる．

まとめ

　このように，アクチビンや女性ホルモンは，新規の脳神経のモジュレータであり栄養因子として働いていることがわかってきた．性ホルモンは，記憶学習や認知に関わる脳部位では，「性」という意味をはずしたほうが良い．これは神経内分泌学研究の新展開という意味では，現在 Brain-derived Neurotrophic factor（BDNF）など限られた神経栄養因子しか知られていない脳科学の現状を革新するものであり，また物理学と生物学の融合という意味で，21世紀COE融合科学創生ステーションの大きな成果であろう．

参考文献

[1] Baulieu, E. E., Robel, P. (1998) *Proc. Natl. Acad. Sci. USA*, **95**, 4089-4091
[2] Foy, M.R., Xu, J., Xie, X., Brinton, R.D., et al. (1999) *J. Neurophysiol.*, **81**, 925-929
[3] Gould, E., Woolley, C.S., Frankfurt, M., McEwen, B.S. (1990) *J. Neurosci.*, **10**, 1286-1291
[4] Hart, S.A., Patton, J.D., Woolley, C.S. (2001) *J. Comp. Neurol.*, **440**, 144-155
[5] Hojo, Y., Hattori, T., Enami, T., et al (2004) *Proc. Natl. Acad. Sci. USA*, **101**, 865-870
[6] Kawato, S, Hojo ,Y, Kimoto,T. (2002) *Methods Enzymol.*, **357**, 241-249
[7] Kawato, S. (2004) *Environ. Sci.*, **11**, 1-14
[8] Kimoto, T., Tsurugizawa, T., Ohta ,Y., et al. (2001) *Endocrinology*, **142**, 3578-3589
[9] Mukai, H., Tsurugizawa, T., et al. (2006) *Neuroendocrinology*, Web online
[10] Mukai, H., Tsurugizawa, T., et al. (2006) *J. Neurochem.*, in press
[11] Shibuya, K, Takata, N, Hojo, Y., et al. (2003) *Biochim. Biophys. Acta*, **1619**, 301-316

第10章

言語脳科学の最前線

酒井　邦嘉

　この章の研究では，人間の脳の言語という高次機能を最先端の技術により計測して，融合科学に新たなパラダイム（学問的な枠組み）を確立することを目標としている．特に，人間のみに備わる文法などの能力が脳のどこに局在するかを明らかにすることで，脳科学のみならず，生命科学から認知科学にわたる広い学問領域で人間性の基礎を問い直すことができると期待される．

　人間の言語はさまざまな要素から成り立っている．文法を使って文章を理解するときと，単語の意味がわかり音韻（アクセントなど）を聞き分けるときとでは，それぞれ脳の異なる部分が必要となることが最近の研究からわかってきた．左脳で言語を司る領域は「言語野」とよばれるが，これまでの研究では，その大まかな区分しかわかっていなかった．われわれは，延べ約70人の参加者に対し，文法知識や文章理解，単語やアクセントの正誤などを判断しているときの脳の活動を計測した．その結果，たとえば文法について判断するときは左脳の前頭葉下部が，音韻について判断するときは側頭葉上部が活発に働き，その活動パターンを地図にすると，文法・文章理解・単語・音韻の4つの中枢に分けられることが明らかになった．このように細分化した言語地図を作ることで，言語障害が脳のどの部分と関連するかが明らかになる可能性があり，語学学習の成績を脳活動から評価するときにも役立つものと考えられる．こうして，融合科学は人間科学の基礎としてさらに展開するであろう．

第10章 言語脳科学の最前線

はじめに

　言語学者のチョムスキーは，言語獲得の生得的なメカニズムが人間に固有のものであり，人間が自然に獲得する母語（「自然言語」とよばれる）がすべての言語に共通した規則性に従うことを見いだして，この規則性のことを「普遍文法」と名付けた（1957年）．その後，言語学は着実に発展してきたが，そうした理論的な予言を実験的に検証することはとても難しい問題であった．実際に脳が「普遍文法」に基づいて言語を生みだしているかどうかを明らかにすることは，脳科学における究極の挑戦であるといえる[1]．本章では，言語脳科学の最前線を紹介し，言語獲得の過程において文法中枢の機能が変化するという新しい知見[2]を中心に解説する．

1 言語の特異性と文法中枢のはたらき

　最近，ハウザーとチョムスキーらは，人間の言語の特異性が「再帰的計算」（$\{(1+1)+1\}+1\cdots$の計算のように，自分自身に対して同じ計算を繰り返すこと）にあると述べている[3]．これまでの言語学が明らかにしてきたように，人間が生みだす文には文法的な構造があり，さらにこのような構造を階層的に埋め込んでいくことができる．こうした再帰的な計算処理が言語の本質であると考えられているのであるが，その神経基盤はまだ明らかにされていない．

　大脳皮質の言語野である左下前頭回のブローカ野（**図1**）が損傷を受けると，発話される文から文法的な要素が抜けてしまう現象が知られており，この現象は「失文法」とよばれている．1960年代に，アメリカのゲシュビントらは，失文法の原因がブローカ野を含む前頭葉の損傷であることを主張したが，この考えに異論を唱える研究者が多数現れて，論争が続けられてきた．また，近年の脳機能イメージングの進歩により，文法判断に必要な認知機能がブローカ野に関係していることが確かめられたが，一般的な認知機能がどの程度までブローカ野の働きに影響を及ぼすのかは未知の問題であった．つまり，文法処理に伴う一般の認知的な負荷，たとえば一時的な単語の記憶や注意などによって，ブローカ野周辺の活動を説明できるのならば，「言語」機能を研究対象に

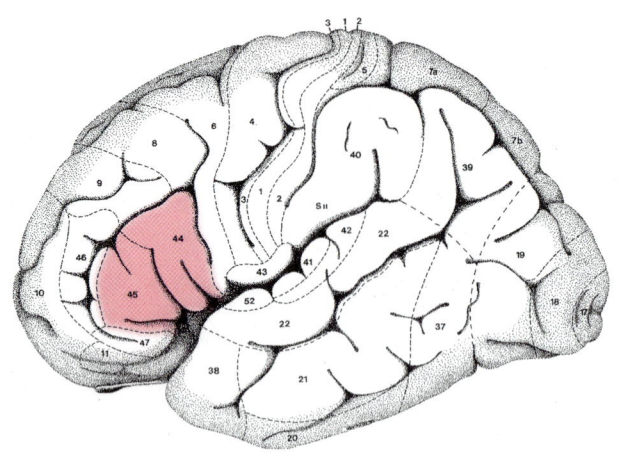

図1 人間の大脳皮質とブローカ野
左脳を側面から見た図で，図の左が前側．図中の番号は，ブロードマンがつけたもので，44野と45野がブローカ野である．H. M. Duvernoy のアトラス（Springer-Verlag, 1999年）を改変．

していることにはならないからである．

　そこでわれわれは，一般的な認知機能の代表として短期的な記憶にスポットを当てる一方で，言語機能の中心として文法を位置づけて，機能的磁気共鳴映像法（functional magnetic resonance imaging：fMRI）の実験により両者を対比させた[4]．fMRI の技術は，脳の活動と MRI の信号値（水素原子からの磁気共鳴信号）が相関することに基づいており，局所的な脳の血流量の変化を数秒の時間分解能と1ミリメートル程度の空間分解能でとらえることができる．われわれの実験では，同じ単語のリストを使いながら，文法の知識を使って文の理解を判断する課題と，単語の提示順を覚える記憶課題を対比させた．単語記憶課題と文記憶課題では，どちらも課題の要請は同じだが，脈絡のない単語の羅列を覚えなくてはならない単語記憶課題は，文記憶課題や文法判断課題と比べて格段に難しい．言語が他の認知機能と比べて特別な働きをもたないならば，記憶の負荷や，課題を解く際の負荷が最も必要とされる単語記憶課題において，言語野を含めた広い領域に活動が観察されるはずである．単語記憶のほうが文記憶よりも強い活動をひき起こしたのは，頭頂葉から前頭葉にかけての一部の領域だけであった．これに対し，文法判断課題のほうが単語記

第10章 言語脳科学の最前線

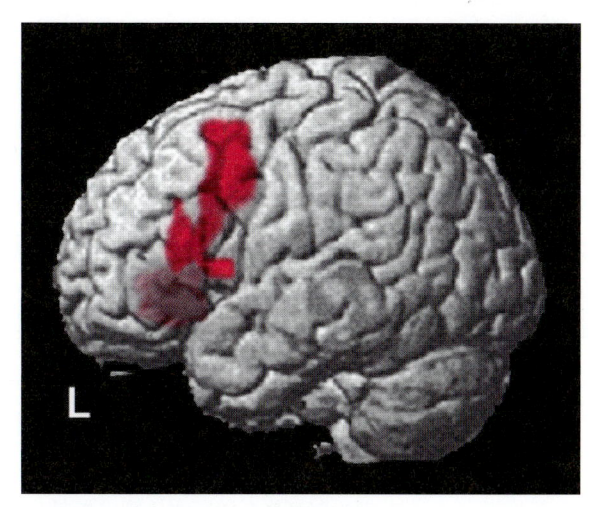

図2 文処理の座である「文法中枢」と文章理解の中枢
ブローカ野から左外側運動前野にかけての活動領域（図の濃い赤色の部分）が文法中枢である．ブローカ野よりさらに下側（図の薄い赤色の部分）が文章理解の中枢にあたる．

憶課題よりも強い活動をひき起こしたのは，ブローカ野の周辺であった（**図2**の濃い赤色の部分）．したがって，この領域は，文法処理に基づく言語理解を担っていることが結論できる．記憶などの認知機能では説明できない言語能力の座を特定したこの知見は初めてであり，基本的な脳の機能が人間とサルで同じであると考える常識を覆すことになろう．このように，文法処理に特化した領域を，「文法中枢」とよぶことにする．

われわれは，さらに文法判断を音韻判断および意味判断と対比させることで，文法判断の機能局在を事象関連 fMRI により調べた[5]．言語刺激はすべて聴覚的に提示し，文法判断条件では刺激文（たとえば「ゆきが　つもる」や「ゆきを　つもる」）が文法的に正しいかどうかを判断させ，意味判断条件では刺激文中の名詞と動詞の意味的つながり（たとえば「ゆきを　しかる」）が正しいかどうかを判断させた．すべての条件で同じ単語セットから刺激文を作成し，語彙を完全に統制している．その結果，文法判断条件だけで選択的に文法中枢が活動することがわかった．この領域は，英語の母語話者を対象とした文法エラーに対して選択的に反応する部位とも一致する[6]．

以上のように，文法処理に伴って文法中枢が文法判断で選択的に活動するこ

とはわかったが，その逆も正しいであろうか．一般に脳機能イメージングは相関関係を示唆するだけであり，因果関係を証明するためには，脳を局所的に刺激する干渉法が必要となる．経頭蓋的磁気刺激法（transcranial magnetic stimulation：TMS）は，1985年から主として大脳の運動野の刺激法として用いられるようになった．磁気刺激では，磁場の変化が誘導電流をひき起こし，大脳皮質を刺激する．数秒間に1回の頻度で加える低頻度刺激は安全であることが確かめられており，数ミリメートルの位置情報と数十ミリ秒の時間情報が得られる．われわれは，この手法を用いて，文法中枢の刺激が文法判断と意味判断のいずれかに影響を与えるかを比較検討した[7]．この実験は，前記のfMRI実験[5]と同様に，同じ単語セットの組合せを変えた最小対刺激（言語学的な要素を1つだけ変えて対をなす刺激）を用いながら，文法知識を使って文の正誤を判断する課題と，意味のつながりを判断する課題を対比させるデザインを用いている．名詞句に続く動詞の提示開始から0.15秒後に磁気刺激を文法中枢に与えると，文法判断課題においてのみ，文法的に正しい文と間違った文の両方で反応時間の減少が見られた．文法判断が選択的に促進されるという結果は，あらかじめ磁気刺激によってブローカ野の活動が誘起されることで，その後の文法判断に伴う活動が起こりやすくなることを示唆する．以上の知見より，左脳のブローカ野の活動と文法判断の因果関係がはじめて証明された．

2　文章理解の中枢のはたらき

　さらにわれわれは，文レベルの処理と語彙レベルの処理に伴う皮質活動をfMRIを用いて直接比較し，文章の理解に選択的な活動を示す脳の領野の同定を行った[8]．その結果，文法中枢に接して腹側に位置する部位（図2の薄い赤色の部分）が，聴覚と視覚の刺激提示に共通して文理解の処理に選択的に関わっていることが明らかになった．この領域は，文章理解の中枢の候補であると考えられる．

　さらにわれわれは，複数の領域が示すfMRI時系列信号の相関を求めることにより，言語処理における皮質領域間の機能的結合を定量的に評価した[9]．前記のfMRIデータ[8]にこの解析法を適用したところ，この左下前頭回の腹側部

と左中心前溝との間で，文章理解の課題において最も強い相関が見られることが示された．以上の結果より，前頭前野における領域間の結合は，文処理において選択的に機能することが初めて明らかになった．

　以上の実験は，音声の聴覚提示と文字の視覚提示の両方で完全に一致した結果が得られている．そこで，音声や文字とは異なる入力である手話について，文章理解の中枢が一致するかどうかをさらに検討した[10]．この実験の参加者は，日本手話を母語とするろう者9名，日本手話と日本語の両方を母語とする聴者（コーダと呼ばれるバイリンガル）12名，日本手話の習得経験がない日本語を母語とする聴者12名である．会話の理解に選択的な脳活動をfMRIを用いて調べたところ，手話と音声の両条件に共通して左脳優位であり，図2の文章理解の中枢が活動することが示された．以上の知見をまとめると，文章理解における脳の活動が日本手話と日本語において完全に共通しており，手話と音声言語で同じ脳の場所が活性化するという言語の普遍性が確かめられた[10]．したがって，手話と音声などの言語様式によらない高次の言語処理が左脳の文章理解の中枢に局在していることが結論できる．

　図3に示した文法中枢（図中の「文法」と記した部分）と文章理解の中枢は，fMRIや脳損傷の知見から明らかになってきた音韻の中枢や単語の中枢とは分離しており，これら4つの中枢間で双方向の言語情報のやりとりがあると考えられる[2]．つまり，古典的なブローカ野やウェルニッケ野を含む言語野の機能分化は，言語処理の観点から見直すことが必要となる．

3　文法中枢における第二言語習得の初期過程

　アメリカのグループによるfMRIの実験では，幼少のときからバイリンガルで育った群と，10歳頃から第二言語を習得した群とを比較して，後者の群でのみ，2つの言語による活動領域がブローカ野の中で分離していることが報告されている[11]．その後，第二言語を習得した時期や習熟度が違っても，ブローカ野の活動に差が見られなかったという実験結果[12]や，習得時期が遅いほうが活動が強まるという報告[13]が現れて，母語と第二言語の獲得におけるブローカ野の役割はいまだ明らかになっていなかった．

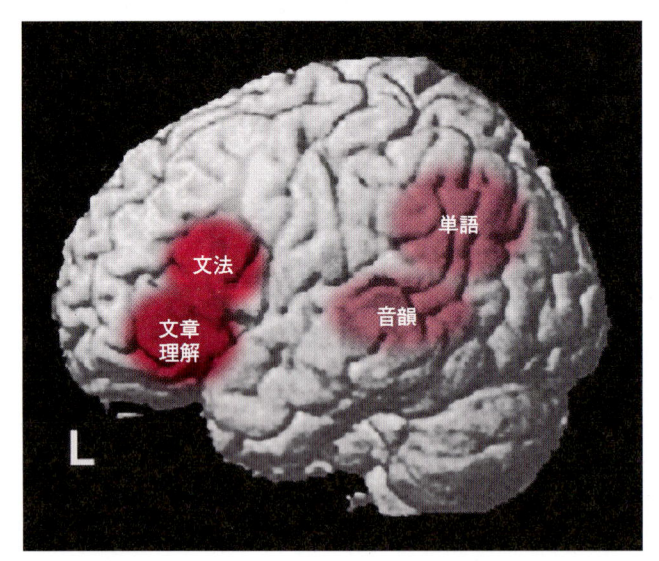

図3 左脳の「言語地図」とそのネットワーク

　そこでわれわれのグループは，英語の習得過程を脳活動の変化としてとらえるために次のような調査を行った[14]．東京大学教育学部附属中等教育学校の中学1年生（13歳）の全生徒に対し，英語のヒアリング能力と文法運用能力の向上を促すトレーニングを2カ月間の授業時間に実施した．具体的には，ビンゴゲームを通して，動詞の現在形と過去形の対応関係を集中的にトレーニングした．この授業を受けた全生徒の中に含まれる双生児（6ペアの一卵性双生児と1ペアの二卵性双生児）に対して，トレーニングの前後における脳活動の変化を fMRI によって測定した．

　この fMRI 調査では，言語課題として，動詞の原形を過去形に変える活用変化の文法判断と，動詞のマッチング課題を直接対比した．英語の動詞のマッチング課題（English matching：EM）では，動詞の現在形を文字で提示して，同じ動詞を強制2択法で選ばせる（図4A）．英語の動詞の過去形課題（English past：EP）では，動詞の現在形を提示して，正しい過去形を強制2択法で選ばせる．また，英語と同じ意味の日本語の動詞を用いて，同様にマッチング課題（Japanese matching：JM）と過去形課題（Japanese past：JP）を行った．そして，これら4つの課題を行っている際の脳活動を計測した．

トレーニング後の fMRI 調査において，英語の動詞の過去形課題における脳活動を，英語の動詞のマッチング課題の場合と比較したところ，図 4 B に示すように，左脳のブローカ野を含む前頭葉（濃い赤色の部分）に最も強い活動が観察された．この活動は，トレーニング前の fMRI 調査では現れなかったので，英語のトレーニングによる選択的な機能変化であると考えられる．また，日本語の動詞の過去形課題における脳活動を，日本語の動詞のマッチング課題の場合と比較したところ，同様に左脳のブローカ野に最も強い活動が観察された（図 4 C）．

　英語の過去形課題におけるブローカ野の活動変化を各双生児のペア（横軸の A 児と縦軸の B 児）について 1 点ずつプロットしたところ，ペアどうしで高い相関を示した（図 4 D）．さらに，各参加者が示す英語の成績の向上に比例して，ブローカ野における活動が増加することが明らかになった（図 4 E）．この脳の場所は上記の「文法中枢」と一致しており，日本語による同様の課題で見られた活動の場所と一致するのは興味深い．少なくとも中学 1 年生では，英語が上達すると，文法中枢の機能変化によって英語の文法能力が定着すると考えられる．

　この研究において，実践的な教育効果を個人の脳の学習による変化として，科学的にそして視覚的にとらえることができた．脳機能の変化が双生児で高い相関を示したことは，双生児が共有する遺伝や環境の要因によって授業の教育効果が定着することを示唆する．今後は一卵性双生児と二性双生児間の相違があるかどうかを検討することで，文法中枢の変化に対する遺伝的な要因の寄与を明らかにする必要がある．

4　文法中枢における第二言語習得の定着過程

　前記の調査に引き続き，日本語を母語とする右利きの大学生 15 名（19 歳）を対象として，同様の英語の過去形課題をテストした[15]．すべての参加者は海外の滞在経験がなく，中 1（13 歳）のときから英語を学び始めている．

　英語の過去形課題の成績について，不規則動詞（たとえば catch-caught）と規則動詞（たとえば talk-talked のように ed がつく場合）を分けて調べ

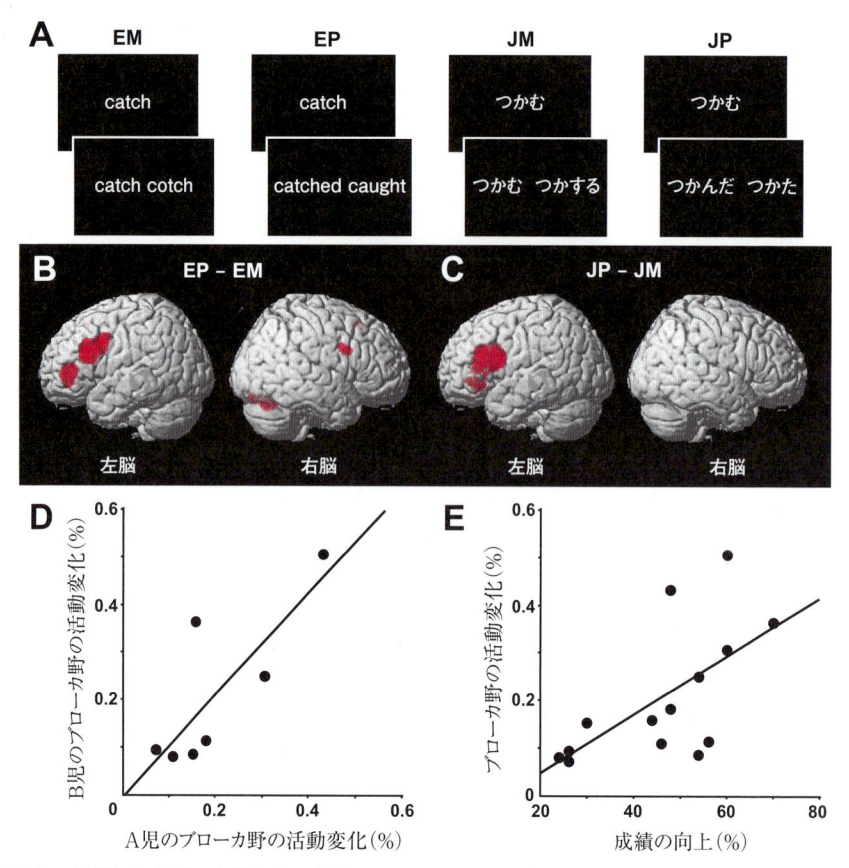

図4 英語と日本語の文法処理に共通したブローカ野の活動
A：英語による動詞のマッチング課題（EM）と過去形課題（EP），および日本語による動詞のマッチング課題（JM）と過去形課題（JP）．動詞の現在形に続いて，同じ現在形またはその正しい過去形を選択する．B：英語の過去形課題に選択的なトレーニング後の脳活動（図の濃い赤色の部分）．EP課題遂行時の脳活動とEM課題遂行時の脳活動を統計的に比較した結果をEP−EMと表記する．C：日本語の過去形課題に選択的な脳活動（JP−JM）．D：英語の過去形課題においてブローカ野の活動変化が示す，双生児のペア間での相関．E：英語の成績の向上に比例したブローカ野における活動増加．

たところ，不規則動詞の成績において個人差が最も顕著に現れた．そこで，大学生（19歳）と中学生（13歳）のグループそれぞれを，不規則動詞の成績が高い群（EH, higher in English）と低い群（EL, lower in English）に分けて，英語の熟達度の1つの指標とした（図5A）．実際，中学生の成績が高

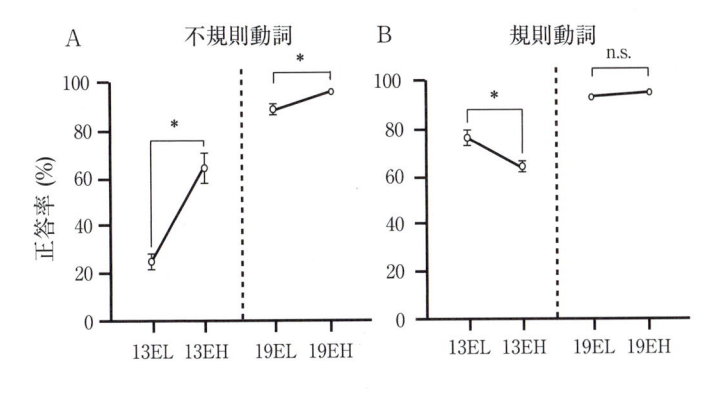

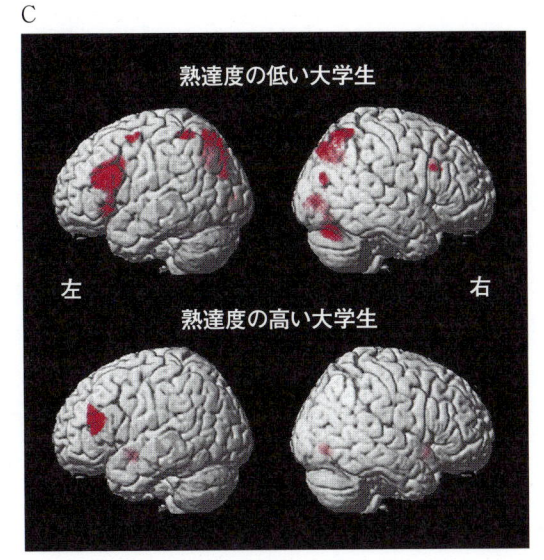

図5 中学生と比較した大学生の英語の熟達度の上昇.
A, B：不規則動詞と規則動詞の正答率について，中学生（13EL, 13EH）と大学生（19EL, 19EH）の各グループを2群に分けて比較した．＊は統計的な有意差があることを，n.s.は有意差がないことを表す．C：英語の過去形課題に選択的な脳活動（濃い赤色の部分）．熟達度の低い大学生（19EL）に比べて，熟達度の高い大学生（19EH）のほうが著しく脳の活動領域が減少していることがわかる．

い群（13EH）よりも大学生の成績が低い群のほう（19EL）が熟達度が高い．なお，比較的やさしい規則動詞の場合は，大学生のグループでほぼ満点に近い成績に達していることがわかる（**図5B**）．また，中学生の成績が低い群（13

EL）では，不規則動詞よりも規則動詞を選択する傾向が強く（両者を平均すれば50点程度），規則動詞は英語の熟達度をそのまま反映していないことがわかる．このように，一般の学習成績においても，熟達度の要因を分離することが必要となる．

fMRI調査において，英語の動詞の過去形課題における脳活動を，英語の動詞のマッチング課題の場合と比較したところ，図4の13歳の結果と同様に，左脳のブローカ野を含む前頭葉に最も強い活動が観察された．こうした脳活動が熟達度によってどのように変化するかを調べたところ，熟達度の低い大学生（19 EL）に比べて，熟達度の高い大学生（19 EH）の方が著しく脳の活動領域が減少していることがわかった（図5C）．すなわち，熟達度が高くなるほどブローカ野の活動が節約されていることがわかる．また，不規則動詞と規則動詞に共通して，ブローカ野の活動と熟達度の間に負の相関が見られた．不規則動詞と規則動詞のテストでは明らかな成績の違いがあるにもかかわらず，ブローカ野の活動が同様の変化を示したということは，この活動が英語の成績そのものではなく熟達度を反映していると結論できる．

以上の知見は，熟達度の個人差を，年齢や課題の成績などの要因から明確に分離したことがポイントである．また，英語が上達すると，日本語を使うときに必要な脳の場所と同じ場所が活性化するという言語の普遍性が，大人でも確かめられたことになる．これらの結果は，ブローカ野が文法判断を普遍的に司っており，英語の熟達度が文法中枢の機能変化によって担われていることを直接的に示している．

おわりに

3節では，英語習得を開始したばかりの中学生が示す英語の成績の向上に比例して，ブローカ野における活動が増加することを説明した．これに続いて4節では，第二言語の習得がかなり進んだ大学生において，熟達度が高くなるほどブローカ野の活動を必要としなくなることを明らかにした．この両方の知見を合わせて考えると，習得の初期の獲得過程で文法中枢の活動が高まり，その活動が維持され，文法知識の定着過程では活動を節約できるように変化するこ

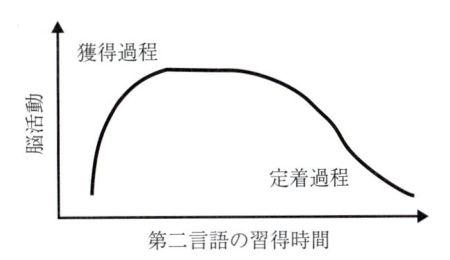

図6　第二言語の習得過程における脳活動の変化

とが示唆される[2]（**図6**）．長期にわたる英語習得の過程が文法中枢のダイナミクスとして観察できるという可能性は，広く教育の見地からも重要なポイントである[16]．

　以上のように，特定の学習法やトレーニングの有効性，およびその到達度が，脳の働きとして客観的に測定できるという事実は重要である．このような新しいコンセプトの教育方法を提案することは，言語脳科学を医学や教育学などへと広く融合させていくことにつながるであろう．こうした融合科学が，次の世代のすぐれた科学者を生みだすことに期待したい[17]．

参考文献

[1] 酒井邦嘉（2002）『言語の脳科学-脳はどのようにことばを生みだすか』中公新書
[2] Sakai, K.L. (2005) *Science*, **310**, 815-819
[3] Hauser, M.D., Chomsky, N., Fitch, W.T. (2002) *Science*, **298**, 1569-1579
[4] Hashimoto, R., Sakai, K.L. (2002) *Neuron*, **35**, 589-597
[5] Suzuki, K., Sakai, K.L. (2003) *Cereb. Cortex*, **13**, 517-526
[6] Embick, D., Marantz, A., Miyashita, Y., O'Neil, W., Sakai, K.L. (2000) *Proc. Natl. Acad. Sci. USA*, **97**, 6150-6154
[7] Sakai, K.L., Noguchi, Y., Takeuchi, T., Watanabe, E. (2002) *Neuron*, **35**, 1177-1182
[8] Homae, F., Hashimoto, R., Nakajima, K., Miyashita, Y., Sakai, K.L. (2002) *NeuroImage*, **16**, 883-900
[9] Homae, F., Yahata, N., Sakai, K.L. (2003) *NeuroImage*, **20**, 578-586
[10] Sakai, K.L., Tatsuno, Y., Suzuki, K., Kimura, H., Ichida, Y. (2005)

Brain, **128**, 1407–1417
[11] Kim, K.H.S., Relkin, N.R., Lee, K-M., Hirsch, J. (1997) *Nature*, **388**, 171–174
[12] Chee, M.W.L., Tan, E.W.L., Thiel, T. (1999) *J Neurosci.*, **19**, 3050–3056
[13] Wartenburger, I., Heekeren, H.R., Abutalebi, J., Cappa, S.F., Villringer, A., Perani, D. (2003) *Neuron*, **37**, 159–170
[14] Sakai, K.L., Miura, K., Narafu, N., Muraishi, Y. (2004) *Cereb. Cortex*, **14**, 1233–1239
[15] Tatsuno, Y., Sakai, K.L. (2005) *J. Neurosci.*, **25**, 1637–1644
[16] 酒井邦嘉（2005）言語と脳からみた健康と病（16歳からの東大冒険講座－3〕文学／脳と心／数理），東京大学教養学部編，培風館
[17] 酒井邦嘉（2006）『科学者という仕事−創造性はどのように生まれるか』中公新書

第11章

身体化された記号
―シンボルグラウンディング問題―

池上 高志

　認知現象にまつわる科学は，生まれながらにして心理学，脳科学，言語学，生物物理学などにまたがった融合科学であった．しかしそれゆえに分野を統合する視点，あるいは哲学というものはうまく定まっていない．21世紀プロジェクトでは，細胞から個体までを貫通する視点を提示しようという中で，認知現象に関しどのような視点を提案できるかが急務となってきた．創ってわかる，というのが今回のプロジェクトの1つの柱になっている．本章で紹介するアプローチと考え方は，「創ってわかる融合科学」において考えるべき指針を提供するものと考えている．それは，コンピュータが示す知性と人としての知性，の違いについて考えることであり，特に人の知性の特徴である言語あるいはシンボルが身体性からどのように理解されていくかについて考えることである．身体性とは，知覚を形づくる運動的制約のことである．しかし単に制約ではなく，知覚の多様性をもたらすものである．本章は，コンピュータシミュレーションによる生成的な理解の仕方をもとに，シンボルの背後に潜むアクティブ/パッシブの違いの理解と，言語現象への応用を考えたいと思う．

1 身体性認知

われわれはどうやってシンボル（記号）を操作できるようになるのだろうか？　シンボルは，それと結びつけられる実世界があってはじめて意味をなす．このとき，シンボルと実世界がどのような関係をもつか，それを考えるのがシンボルグラウンディング問題である (Hanard, 1990)．簡単にいえば，『リンゴ』というシンボルが，なぜ実世界の「リンゴ」にむすびつけられたのか，ということである．この実世界へのむすびつけ＝groundingをこの章では考える．

その答えをわれわれは，いま身体性に求めている．身体性（embodiment）とは，単なる物理的な制約のことではない．生命は自律的に空間の中を動き回り，環境を区切っていく．その区切り，あるいは分節化が知覚や認識をつくり出す，それが身体性である．分節化とは，たとえば連続につながる世界に線引きをする「堅い」「柔らかい」といった区別である．机の角，玄関と廊下，夕方と夜，そうした日常のもろもろの区別は，客観的に（三角形の内角の和は180度というように）決められたものではない．もっと知覚的な（物理的ではない）ものの上につくり出された区別である．

では知覚とはなにか．ここではそれを感覚器官（センサー）と運動出力（モーター）の連なりの中に見いだす．生命は外に向かって開かれた存在であり，その個体の内と外を結んでいるのがセンサー（感覚器官）である．センサーは運動と対になってはじめてセンサーとして機能する．センサーと運動の対がなすものが，身体性からつくられる知覚（embodied cognition）である．なでるとか，引っかくとかは，運動と同時に固有のセンサーのパターンがたちあがる．運動がセンサーを支え，センサーが運動を支える．そうした循環的関係がつくりだすパターンがわれわれの知覚をつくりあげている．センサーのパターンそのものは実世界のある切り口である．その切り口をもとに「意味」を構成するのは，身体のもつ運動の様相，運動のスタイルである．たとえば無意識に動かす指や手の細かな動き，その他もろもろの身体がもつ運動の構造が意味をさずける．

具体的な例をみてみよう．たとえば子どものおもちゃの，カタチ当て遊びを思い起こしてみる．箱の中にさまざまな形をしたモノを入れておいて，その中に手をつっこんで何か当てる，という遊びである．子どもは一生懸命に箱の中をなでまわす．ものに触って，引っかいたり回転させたり，がちゃがちゃと箱のなかをかきまわす．あるとき，ある形が指にひっかかる．ぐるぐると回しながら触る．わかる．これは鍵だ！　なぜわかったのだろう．この形をこう回すとこの形が次に指に当たる．こちらを回すとここが当たる．そうした部分的なセンサー（指の感覚）とモーター（どちらに指を動かすか）のループの中に，「鍵」が出現する．指は箱の中で，ランダムにかき回しているようにみえる．しかしただ「ランダムに」かき回しているのではない．もしモノのほうが勝手に手にあたってきたとしても，何だかわからないだろう．自分で手を動かすことが大事である．この自分で動かす，という点はセンサーモーターの関係の中に隠蔽されているが，そこがシンボルに意味がグラウンドできるメカニズムである．

しかしシンボルグラウンディングに関しては，シンボルの側つまり言語の側で用意される意味に比べて，身体の多様性が少なくグラウンドしきれないのではないか，という問題がある．たとえば，うっすらと木漏れ日の差す森の小道，といったものを言語を使わずに表現できるか，といったこと．しかしシンボルなしの世界にも実に多くの言葉と考えが用意されている．運動モードの切り替え，ダイナミカルなカテゴリー，運動の固さと柔らかさの違い，カオス的遍歴，引き込み現象，それらをもとにしたさまざまな新しい視点，ボディーイメージ，くすぐり問題，マイクロスリップ，ベンジャミンリベットの自由意志，ターンテーク，ジョイントアテンション，カップリングとデカップリング，といったものはシンボルなき世界の多様性である．身体性のつくり出す多様性について明らかにしていくことが，シンボルグランディング問題を解く第一歩であると考える．そこで次の節では，シンボルなき世界における知覚カテゴリーの例をとり上げて議論してみよう（ここであげたさまざまなキーワードをもとにしたモデルは拙著「構成論的な生命観（仮題），近刊，を参照のこと）．

2 ダイナミカルカテゴリー

　知覚する，というのは，センサーモーターの連なりのパターンから何かと何かの区別が生まれることだ，という考えを前節で紹介した．そのとき，では違いを与える指標を見つけ出すことが知覚であり，知覚して「わかった感じ」は副次的な事象だと考えるかもしれない．しかし，何かの特徴を抽出してくることだけでは，その知覚しているものの「意味」がわかったことにはならない．知覚する，というのはもっと全体的なわかり方のこと，つまり，そこに「何があるか」ではなくて，「どうあるか」ということである．センサーとモーターのカップリングをもとにした知覚の理論は，特徴抽出だけでは終わらない．どうあるかを問題とする．

　ここでは身体運動からつくられるカテゴリーを，ダイナミカルなカテゴリーとよぶことにする．最初に明示的にそれを示してくれたのは，R. Pfeifer と C. Scheier のロボット[10]である．1995 年に，彼らは空間を動き回るロボットを使って，大きさの違う 2 種類の物体（ペグ：分銅のようなもの）を区別させる運動の仕方をデザインした．彼らは，局所的な神経発火の相関に比例させたヘビアン学習を用いて，その区別ができるロボットの内部の回路網を発達させる．

　ロボットは車輪が左右に対称についた円形の移動体で簡単なセンサーと「腕」を持っている．このロボットはこの腕を使って小さいペグは持ち上げることができるが，大きいのは持ち上げられない設定になっている．ロボットは自分の持てるものと持てないものが最初は区別できないので，どのペグの前でも同じだけ悪戦苦闘する．しかし，内部の神経回路を学習させてやることで，自分が持ち上げられないものはさっさと諦め，自分の持ち上げられるものだけ持ち上げるようになる．つまり，ロボットは自分の体の大きさや運動パターンからペグの大きさを区別するようになるというわけだ．これをダイナミカルなカテゴリーの例ということにしたい．このダイナミカルなカテゴリー化を使ってほかにも，部屋 A と部屋 B を行き来しつつ，いま自分がどの部屋にいるかを区別するようになったり[3]，三角形と四角形を区別したり[2]，球体と立方体

を触って区別したり[11]など，いろいろな対象のカテゴリー化を行うことができる[9]．このカテゴリーの作り方は，かならずしも特徴抽出ではない，という点に留意する必要がある．Pfeiferらのロボットは，ペグの表面に沿って動いたときのセンサーとモーターの関係から大きい小さいを区別するし，谷&Nolfiは部屋の中を動いていく風景の推移がセンサーとモーターのプロセスを分岐させる．こうしたのがダイナミカルなカテゴリーである[9]．

　ダイナミカルカテゴリーに相対する言葉に，表象的なカテゴリーがある．表象的なカテゴリーは，鳥瞰図的な区別である．たとえば三角形と四角形の区別であれば，内角の和が180度であるとか，直線3本で構成されて頂点が3つとか，で表される．この定義をもとにすれば機械的に三角形がピックアップできるという意味で，汎化されたカテゴリー，予測することに使えるカテゴリーと呼べるものである．一方で，ダイナミカルなカテゴリーは，自分の身体性を使った区別である．一般的な三角形のイメージの獲得ということは難しいので，とんでもない形が三角形と見なされてしまうこともある．つまりこのカテゴリーは区別の動機因を与えるものである．Lakoff（1993）はこのようなカテゴリーを放射状カテゴリーとよび，身体性をもとにした言語理論の基礎としている．なぜそのような区別が生まれたかを，身体運動パターンから問うことができる．実際に三角形と四角形の区別を行うシミュレーションをしてみたのが図1である[2]．この実験では平面上を動き回るエージェントにニューラルネットを搭載し，比較的短い時間でウェイトを変化させる学習則と，長い時間で淘汰をかけるダーウィン型の自然選択を考える．

　この実験の結果，運動の癖がエージェントごとに生まれ，それによってはっきり区別できる三角形と四角形のパターンが異なってくる．この区別は何か表象があるのではなくて，運動の仕方から区別が結果として生まれているからである．運動の仕方にリンクされているからこそ，なぜこの形を三角形だと見なしたか，という「動機」が説明されるのである．そのため，エージェントのつくる三角形，四角形の区別は第三者的には「完全」ではなく，前に触った形にも依存する．このことを積極的にみようというのがダイナミカルなカテゴリーである．

　ダイナミカルなカテゴリーは，しかしシンボルグラウンディング問題をその

第2部 脳認知科学

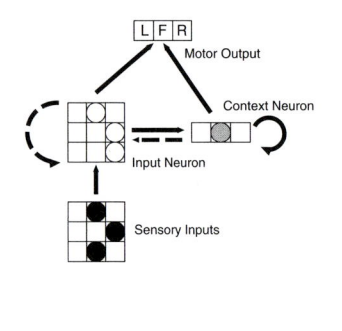

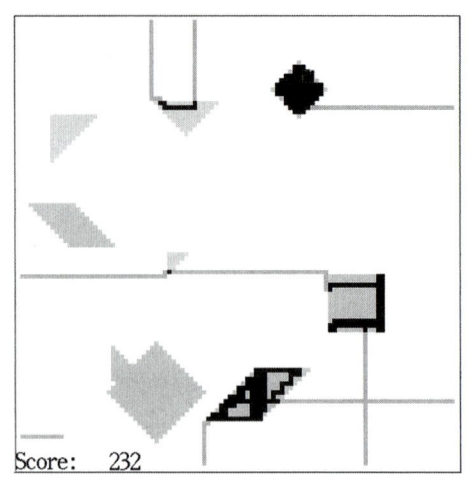

図1 左はエージェントの簡単な構成．平面上の形はビットで構成され，3×3のビットをセンサー入力とし，内部状態を介して3つのモーター出力ビットにつなげる．そのときの運動の様子をみたのが右の図である．エージェントは三角形には留まらず，四角形に長く留まって動き回り，次の四角形を捜しにいく．詳しくは論文[2]を参照．

ままでは解決しない．なぜならば，「三角形」と「四角形」とを区別したといっても，「三角形」，「四角形」という概念（シンボル）をエージェントが理解（意識）したわけではなく，この意味において，いぜんとしてシンボルは生まれないからである．もっとも結果として，区別は生まれているので三角形と四角形というシンボルを第三者的には見いだせる．つまり，第三者から見て，エージェントが「三角形」と「四角形」とを区別しているという状態をもって，エージェントが理解をしたものとなすのである．しかし，この区別にエージェント自身が気がついているわけではない．シンボルとよべるのは，エージェントが自分で生成したシンボルに対し意識的でなくてはいけない．しかし，意識的とは何だろうか．そこで意識の表れである能動性（アクティブ）と受動性（パッシブ）の問題を次で扱ってみたい．

3　身体性にみるアクティブとパッシブ

このアクティブとパッシブが意識の問題と関わるのは，第三者的に同じだと

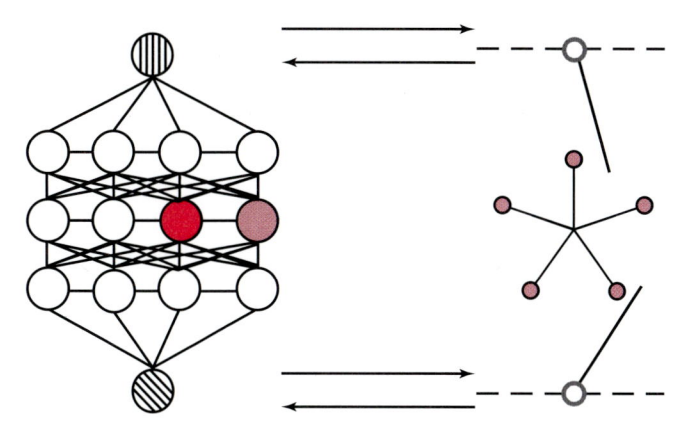

図2 真ん中の3つのレイヤーにそれぞれニューロンが5個（図2では4個）を使っている．このニューロン群からのインプットを受けて上下2つのニューロンがそれぞれ対応する腕を動かす．腕が風車の羽に当たると，風車はその力の向きに力を受け，腕は羽の位置を知覚できる．

思われる運動の構造も，第一人称的には異なるからである．はじめに箱の中で指をランダムにかき回して形を当てるゲームのところで書いたように，誰かにランダムに動かされた指と，自分でつくり出すランダムな指の運動の構造は違っている．自分で動かしたときだけ区別できる，というところにシンボルへの意識が見え隠れする．つまり，ここでは自分と他者の区別の仕方の違いという点に焦点を当てて，シンボルグラウンディング問題を据えよう．

そこで次のようなモデルを考える[5]．やはりニューラルネットを搭載したエージェントを用意するが，今度は運動するのは腕で本体ではない．この2つの腕を使って風車の羽の枚数を当てようというのがここでの課題である．そのネットワークの概要は以下のようなもので，左右についた2つの腕を3層のニューロンでコントロールし，中間層のネットワークでつながれている．

アクティブ（能動的）な実験では，上下の腕を動かして，**図2**の右にあるような「風車」を回す．パッシブ（受動的）な場合には風車が勝手に動いて，その羽に腕があたってそれをもとに判定する．判定は，中間層の2つのニューロン（**図2**で濃い赤と薄い赤）を使って区別する．もし濃い赤色のニューロンの値が薄い赤色のニューロンの値より大きければ，5枚，そうでなければ7枚と判断したとする．ここで大事なことは，腕は風車を回すと同時に，風車の羽が

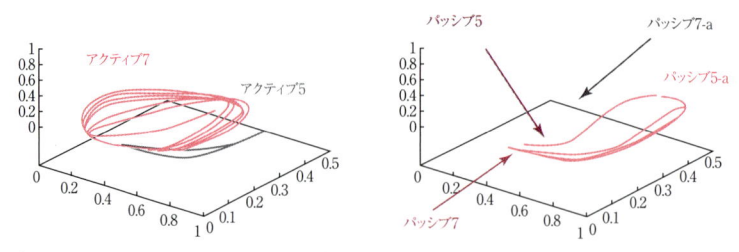

図3　左：アクティブなアトラクター．右：パッシブなアトラクター．

当たった場合のセンサーでもあるということだ．センサーであるかモーターであるかは初めから規定されない．結果として，より「センサー的」，より「モーター的」ということになる．

このネットワークを遺伝的アルゴリズムを使って進化させると，風車の羽の枚数（5枚か7枚か）が当てられるようになるが，それとともに，上の腕はよく動く腕（モーター的），下の腕はあまり動かない腕（センサー的）に分化することがわかる．適当に中間層の3つのニューロンの状態を使って，そのときのアトラクター（収束状態）を3次元空間上で描いたのが図3である．アクティブに自分で風車を回す場合と，パッシブに風車が自分で回って，それに腕があたって判定する場合では，内部に形成されるアトラクターが異なることがわかる．つまり同じカテゴリーの形成に際しても，自分で動かして判別した場合と結果的に判別できた場合ではその仕方が異なるということである．

次に腕とニューラルネットの間に時間遅延を入れてみる．つまり風車に接触したセンサーから内部のネットワークに入ってくる刺激シグナルに，時間的な遅延を導入する．結果，モーター的な腕のほうの遅延は，アクティブなもの（左）よりパッシブなほう（右）のアトラクターを壊しやすい，という結果が得られた．逆にセンサー的腕のほうへの遅延はアトラクターへの影響は少なかった．これは，パッシブ条件の区別のほうが，信号の時間遅れに鋭敏であるといえるが，より詳しく解析しないとわからない．ここで言えることはセンサーとモーターのつながりがダイナミックで揺らいでおり，アクティブ/パッシブの違いはアトラクター（図3の形）の安定性の違いにみることができる，という点である．

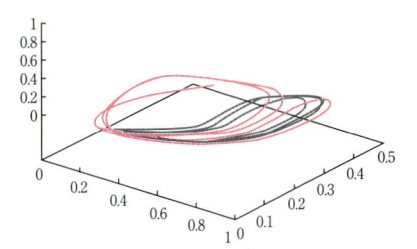

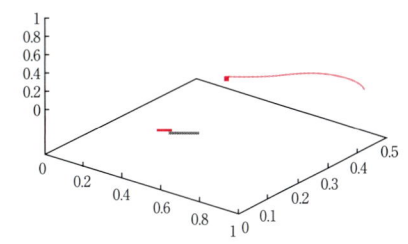

図4 左：アクティブなアトラクター．右：パッシブなアトラクター．モーター的な腕に時間遅延が入った場合のアトラクターを示している．

4　言語にみるアクティブとパッシブ

　知覚におけるアクティブとパッシブの差は，センサーモーターのカップリングそのものではなくて，前章に見たようにその揺らぎに見いだされる．なぜならカップリングが強ければ，それは揺らぎようもなく，安定な事態として第三者的にも一人称的にも同じように知覚されるからだ．エージェントの内部状態か，外部の環境かどちらかを固定することができれば，シンボルグラウンディングとは内と外をいかに結びつけるかのマッピングの問題となる．しかし，揺らぎを考えることで，シンボルと身体性の結びつきは，主体と対象の関わり方によって決まるものであり，それはどこかにあらかじめ存在するものではないこととなる．この節では，身体性ではなくシンボルの側，つまり言語の中にこの揺らぎの構造をみてみよう．

　言語は一見静的な意味と形のマッピングに見えるが，その結びつけは一意的ではなく，話者によって動的につくられている．たとえば因果関係の知覚とその言語化，事象の因果的なつながりは，理由文によって表わされる．理由文とは日本語ではたとえば「から」や「ので」などの接続助詞を含む複文のことである．例としては「（1）大風が吹いているから銀杏の木もしなっている.」などがある．これなどは，客観的な因果関係の記述であって話者の関わりは小さくみえる．「空が青いから，僕は悲しくて仕方がない.」は，文として成立しているが，空が青い，は悲しいことの原因としては遠すぎるし，したがって因果関係として汎化もできない．

一方「(2) 学校が嫌いだから花子は学校を休んだ．」のような文をもってくると，花子の心の中は見えないわけだから，(2) の文は花子の心を推論した結果である．さらに次のような文になると，因果関係を見つけ出す手掛りは話者自身にしかない．「(3) 寒いから彼は来ない．」「(4) うるさいから静かにしなさい．」Maat & Degand（2001）は，(1)(2)(3)(4) の順で「話者関与度」が上がる話者関与度スケールを提案した．われわれはこれを拡張して2つの話者関与度スケール，SIS-1，SIS-2を提案し，理由文を分析する．SIS-1は因果関係という関係付けの種類を探し出すのに話者がどれだけ関与するかである．これに対し，SIS-2は話者が関係づけていることを提示しているスケールである．

たとえば，「(5) 空が青いから僕は悲しくて仕方がない」あるいは「(6) 日曜だから，鳥も楽しげだ．」のような文を考えると，どちらも話者がむすびつけに関与しているという意味でSIS-1は高い．しかし，いままでの例と比べて因果関係があることは容易に見て取れない．むしろ，話者が関係つけているということそのものの報告である．その意味で，SIS-1は高くても「情報的」な意味をもたないので，(3) や (4) とは異なっている．情報論的とは命令/要求的スケールなどそのことを聞いて行動がたちあがったり知識が増えることで，たとえば「心の理論」の使用に関係して生まれるものである．

(3)(4) はより情報論的でもあるので，SIS-2は低い．SIS-2はより叙述的スケール，関係づけそのものの提示であって聴き手の側に何かを明瞭な形で伝えているわけではない．しかしそれがかえって，話者と聞き手が志向性を一致するジョイント・アテンションの契機となる[7,8]と考えている．情報論的な発話はメタな志向性の一致を抑制する．

SIS-1の高さはパッシブからアクティブへの軸である．しかしSIS-2で提示されたものはシンボル世界の関係付けの恣意性であり，身体性からの切り離しのようにもみえる．身体性とシンボルが1対1に結びついていると考えたときに，シンボルグラウンディング問題が解かれたわけではないということを議論してきた．むしろ，それが揺らぐことでシンボルと身体性という2つの構造がみえてくる．このようなシンボルの揺らぎの構造は，いままでみたダイナミカルなカテゴリー化の問題と関連させて考えることができる．シンボルの揺ら

ぎとは，2節でみた三角形と四角形の身体による状況依存的な区別にみられる．また3節にみたように同じカテゴライズの仕方であっても，行為がアクティブかパッシブかでカテゴリー化が異なるところがそれである．つまり，「話者がカテゴリー形成に積極的に関わるか，関わらないか」ということが身体性の区別では本質的になり，そのことがシンボル世界にも持ち込まれる．そしてその結びつけが強固なものではなく，あくまで弱い相関である（SIS-2がみられるということ）のは，もともとセンサーモーターカップリング自体が揺らいでいるからに他ならない．

おわりに

以上のようにシンボルグラウンディング問題は，まだ解かれていない．シンボルなんて方便だという人がいる一方で，シンボルこそ人間の証だ，という人もいる．本章ではその2つを結びつけるアプローチを模索してきた．

これは，浅島さんのインタビュー（本書第3部）でふれられたことであるが，「人はなぜ人であるのか」という問いに答えることは，人類の課題である．しかしこれに答えるために，われわれは人以外のものを調べる必要がある．進化的コンテキストで解体して考える必要がある．大胆に抽象的な理論を持ち込む必要がある．その試みの中ではじめて人であること，人が関わる現象，というものに光があてられるのだ．本章では，そのひとつのアプローチを提示し，センサーモーターカップリングの揺らぎからみた生命らしさ，という見方を描くことができたと思っている．その揺らぎがあるからこそ，シンボルグランディング問題が意味をなすのである．

謝辞：ここで紹介した仕事は，本プロジェクトで活躍してくれた，宇野良子さん，森本元太郎さん，飯塚博幸さんとの共同研究です．ここに感謝します．

参考文献

[1] Hanard, S., Harnad, S. (1990) *Physica D*, **42**, 335–346
[2] Morimoto, G., Ikegami, T. (2004) *Proc. 9th Int. Conf. on the Simula-*

[3]　Tani,J., Nolfi, S. (1999) *Proc. 5th Int. Conf. on Simulation of Adaptive Behavior* (Eds Pfeifer, R., *et al*), The MIT Press, pp.270-279 (Revised version is in Neural Networks, Vol.12, pp.1131-1141)

[4]　レイコフ G. (1993) 認知意味論-言語からみた人間の心, 紀伊国屋書店

[5]　Iizuka, H., Ikegami, T. (2005) *Proc. Symp. on Next Generation Approaches to Machine Consciousness*, pp. 104-109, Hatfield, UK

[6]　Maat, H. P., Degand L. (2001) *Cog. Ling.*, **12**-3, 211-245

[7]　宇野良子・池上高志 (2003) 認知言語学論考 2, 231-274, ひつじ書房

[8]　宇野良子・池上高志 (2007) 日本認知言語学会論文集7 (印刷中)

[9]　Ikegami, T., Zlatev, J. (2007) "Body, Language and Mind" Vol.2, (eds. Zlatev, J. *et al.*), Moutonde Gruyter (印刷中)

[10]　ファイファー, R., シャイアー, C. (2001) 知の創成―身体性認知科学への招待, 共立出版

[11]　Nolfi, S., Marocco, D. (2002) *Proc. SAB Conf.* (eds. Hallam,B. *et al.*), MIT Press

第3部

対談

融合科学の研究で考えたこと，今後やりたいこと

　私たちが行ってきた融合科学の研究は，「生命のジャンプする形態変化・分化」，「自己組織化とコミュニケーション」，それに「脳の機能から認識・認知への深化」の3つのサブテーマに分かれています．それら3つのサブテーマには，分野を横断するさまざまなユニークな考えや技術が生まれています．しかし，そうした分野横断的なアプローチは最新のものでもあるため，この本の第1部や第2部で述べた個々の研究紹介だけでは，一般の読者にはなかなか伝わらないかもしれません．融合科学の現場で実際に科学者は何を考えて研究に励んでいるかといった個人的な思いや，研究の背景にある強い信条や斬新な着想などは，高度な成果の事実に隠されてしまいがちです．

　そこで，第3部では3つのサブテーマから研究者を選定して，彼らに思いの丈をわかりやすく話してもらうことにしました．対談の相手はすべて池上が務めました．幸いどの対談も大いに盛り上がったので，読者の方々にもその臨場感が少しでも伝われば，と思います．

池上高志

進化と学習の複雑な関係

嶋田正和 *vs* 池上高志

1. 共生系

嶋田 私の研究室で行なっているサブテーマは3つあって,まず1つは3者系の個体数ダイナミクスです.複雑な交代振動のようなダイナミクスが出てくるとか,あるいはカオスに近いパターンが出てくるなどですね.もう1つは細胞内共生.これは産総研の深津さんのところにポスドクを1人出向して,それで細胞内共生とか腸内共生系を研究しています.細胞内共生だと,たとえばボルバキアとか,あるいは……

池上 雄殺しというやつですね.

嶋田 そうそう.ボルバキア以外にも雄殺しをするスピロプラズマとかを研究していますけれど.さらに,それをベースにして細胞内共生の進化の数理モデルを,近々 *J. theor. Biol.* に発表するところまできました.そして,3番目がハエの記憶と学習をベースにした適応戦略の話です.

池上 そうですね.嶋田先生にお聞きしたいのは,昔,京大にいた内田さんとか筑波大の藤井先生からの流れでマメゾウムシの研究とか……

嶋田 寄生蜂を入れた3者系の研究.

池上 内田さんが,もともとロジスティックマップによるカオスの先駆的な研究をやったのは,マメゾウムシの個体数変動からですよね.そこに寄生蜂をさらに導入して,相互作用系のダイナミクスを研究しようという方向に動いてきたわけですね.それはたぶん,今は嶋田先生が日本の第一人者だと思うけど,世界でもあまりいないかもしれないですね.

嶋田 マメゾウムシと寄生蜂の系で個体数動態を研究しているのは,あとは英国のハッセル(M. P. Hassell)のグループですね.

池上 そのときに実験系を研究することで,人工と自然の生態系をどういうふうに差異化しているのかとか,どういうことが実際わかってきたか,あるいは,カオスとかも現実には生態系では見られないのではないかという議論も結構ありますが,嶋田先生はそういった複雑な動態が,現実の生態系でも意味があると思われていろいろやっておられると思うのです.その辺のところからお願いします.

嶋田 実験生態系という視点でみれば，特に最近はミクロコズム（微生物を用いた実験生態系）をやっているグループは，かなりカオスをいっぱい検出して成功していますよ．*Nature* とか *Science* に幾つか立て続けに…．カオス検出の個体数ダイナミクスは，今は細菌とか原生生物を使ったミクロコズムが一番盛んですよね．昆虫だと，たとえばマメゾウムシと寄生蜂の実験系などは，やはり繰り返しがそんなにはたくさんとれないので…．

池上 そこら辺が一番大変ですよね．

嶋田 それに時系列解析は，最低でもプロットを100点くらいとろうとすると，昆虫は1週間とか10日なりで1点のデータですからね．それを延々と100点もやろうとしたら，2年とか3年のスケジュールでずっとやらなくてはいけない．結構，大変ですよね．ところがミクロコズムの動態は短い期間で結果が出る．定期的にサンプリングをしていけば，2カ月ぐらいでできるのです．繰り返しも多く設けられるので統計的な時系列解析がたくさんできるし，ミクロコズムはカオス検出に関する限り，ずっと有利ですよ．

池上 なるほど．でも実際，生態系は何百種もの生き物が絡んで，複雑な生態系をつくっているところだから…

嶋田 そう，だから僕は，微生物を使っているようなミクロコズムと，昆虫を使っている実験系とで決定的に違うのは，記憶と学習に関係する行動が介在している現象だと思いますね．

池上 なるほど．

嶋田 たとえばうちのある院生がやってきた3者系，マメゾウムシ2種類と寄生蜂1種できれいに交代振動のパターンが出ました．それは寄生蜂の学習行動，スイッチング捕食というのですが，2種のマメゾウムシのうち数の多いものを集中的にアタックして，そいつが減ってくると今度はそれまで少なかったほうのマメゾウムシが増えてきて，それで位相が変わり，交代振動が起こるのです．そういうのを考えると，やはり微生物にはないような面白さがありますね．記憶と学習行動は，ハエの歩行軌跡の研究にもやはり関係してきて，同じ餌をとるにしてもどんな行動でやっているのだろう，どんなふうにして記憶と学習が関係してくるのかというのを解析したい．たとえば，ニューラルネットワークみたいな学習モデルで，現実のハエの歩行軌跡とを対照するのです．こういう面白さが，昆虫にはありますね．

池上 そうすると，さっき出てきたようなロジスティックマップのカオス的変動とは違うというわけですね．学習とか適応抜きでもカオス変動は出るけれども，そうではなくて，ある違うタイムスケールのパラメーターの変化みたいなものが効く．

嶋田 そうそう．そういう点では内田先生とか藤井先生は，ずっと個体数力学そのものをやってきたけれども，私などは，学習とか記憶といった履歴の効果が，寄生蜂の

「食う−食われる」の相互作用にどんなふうに影響を及ぼすのか，という行動の要素を見たい．そういう別の側面が面白いと思いますね．記憶や学習行動の要素が，カオスとか，あるいは交代振動のような複雑なダイナミクスとして，マクロ的なレベルで現れてくる．

池上 適応的な学習とかが効いてカオスになるというのは，まだそんなにはいわれてないですよね．

嶋田 そう，ほとんどいわれていません．だけど，われわれ昆虫の実験生態系を研究してきた者は，行動生態学と個体数動態を同じ土俵で研究してきたわけだから，そういう有利さを前面に出して行きたいとは思っていますけどね．

池上 同じ蜂とかマメゾウムシでも，一緒に住ませることによってそれぞれのポテンシャルとしての準備状態（readiness）じゃないけれども履歴みたいなものがあって，別のマメゾウムシと寄生蜂とかを組み合わせると，また全然違う状態が現れるかもしれないですね．

2. 学習と進化

嶋田 本来，学習とか履歴の効果は相互作用の中に入っているはずです．従来の個体数動態のモデル——たとえば，ハッセルなどのモデル解析ですが，そういうのは学習とか記憶，あるいは履歴効果を入れない個体数力学になっているわけです．私自身は，それは20世紀の学問だろうと思うので，21世紀ではもっと新しい側面を入れた個体数力学の研究に持って行きたい，というように思っています．

池上 学習と進化の違いというのは結構難しいと思うのだけれども，ダイナミクスとして学習と進化の違いというのは見られるのですかね．同じカオスだとしても，一方は学習によって起こされて，一方は個体数力学で起こされる．

嶋田 進化というのは，生き物の振舞いに対してある程度長い時間スケールでの枠組みの決め方で，その枠組みの中での可変性を形づくっているのが学習だろうと思います．では進化というのは，たとえばそれこそ1000世代とかのような長い時間でないと現れないかというと，そんなことはなくて，早いものでは数世代ぐらいで効果として現れてくる部分もあると思うんです．そういう点では，学習と進化というものは，大きく違う時間スケールだとは私は思わないですね．

池上 ボールドウィン効果みたいなものはどうですか．学習を考慮した進化の話で…．必ずしも遺伝子としては適応的でなくても，その後学習する能力に適応的なところへ向かえば，進化は進むというような．

嶋田 モデルの上では，進化も学習も文脈としてはまったく変わらないものとしてつくれますよね．でも，私は生物学者だから，生き物として見ていると，学習と進化の両者の時間スケールは，ある程度はオーバーラップしている部分もあるけれども，も

ちろん違う部分も大きいというふうには思いますよ．

池上 すごく違いますよね．個体レベルの可塑性というのと世代間の適応的な可塑性とは，違うわけだから．

嶋田 だけれど，それを進化という文脈の中に学習を含めて，何かモデルとして，たとえばニューラルネットワークみたいなもので作るとしたら，ほとんど同じような形式でモデルを作ることは可能ですよね．だからそういう点では，ボールドウィン効果などを取り込むならば，そんなふうになってくるのだろうと思います．

池上 そうですね．でも，昆虫にそんなに学習効果があるとは，たぶん皆あまり思っていないと思うのですが，それはかなり効くのですか．

嶋田 それは単に皆さん知らないだけで，やはり蜂なんていうのはものすごく賢い行動を示すし，しかも可変性がある．マメゾウムシだって馬鹿な生き物ではあるけれども，それでもやはり可変性は常にもっています．そういう意味では，どんな動物であっても，可塑性は本当はどんな振舞いにも現れてきているのだと思います．たまたまそれを微生物などで見ていると，生理的な運動や細胞間の相互作用ばかりが目につくので，記憶や学習なんてほとんどないだろうという感じにはなる．でも，大脳を持っていなくても，昆虫くらいになると触覚葉とキノコ体からなる簡素な脳でも，きちんとそれが現れてきますね．

池上 そういうのをもとにした，進化観みたいなものを，聞きたいです．人工生命などは進化がコアになっているけれども，生物学では「あらゆる生物学は進化に照らして扱わなければ意味がない」といわれるくらい，進化はベースをなしている．そんなに勉強する人が多いわけではないですよね．最近は，機運はとても高まっていますけれど．

嶋田 進化に関しては，私は池上さんと同じような進化観をもっているのかもしれないけれども，実は生物学者の中には進化観というのは多様性があるのですよ．たとえば，われわれ進化生態学者のように自然選択による適応進化の文脈で研究しているような，つまり表現型のレベルでより有利な形質がこんなふうに進化していって，というのをモデルで研究している人たち．一方では，たとえばrRNAの分子系統解析で細菌から脊椎動物，ヒトまで至る大系統を見ている研究者もいる．もちろん分子系統の技術そのものはうちの研究室でも使いますが，分子進化の研究者がやっている大きな系統進化の研究と根本的に違うのは，表現型レベルで起こるような進化現象を見ているという点です．ですから，細菌から哺乳類に至るまでの大系統の進化で考えている分子進化の中立理論の研究者と，表現型の可塑性を見ている進化生態学者とでは，当然，進化観は大きく違うでしょうね．

池上 人工生命を考える場合にも，最近，学習の導入を考えようということでいろいろやっています．けれども，普通はビットストリングの遺伝子が増殖して適応度が上

ったり，共進化の中でどういうように適応地形が変わってくるかということを考えて，1個体の寿命みたいなことはあまり考えないですよね.

でも学習を考えるときには，個体が成熟することがかなり基本になってきます．1個体の寿命がどのくらいだとか，学習能力がどのくらいあればいいのかとか，あるいは発達を考えることも視野に入っているのだと思うのです．そういった発生とか発達過程と学習過程と進化的な過程を組み合わせて進化観をつくるというのは，それほど実際的にも発展していない話ですね.

嶋田 そうでしょうね．人工生命のモデルをつくるときに，たとえばニューラルネットワークを使って学習とか意思決定を1個体1個体の中に込めることをすると，ものすごく重いモデルになってしまうのでみんな嫌がるでしょうね．だから普通の人工生命のモデルで進化ダイナミクスを計算しようというときには，1個体1個体はシンプルな振る舞いにしてしまおう，というところはあります．だが実際には，たとえばハエの記憶と学習による適応戦略であれ，餌を探すとか交尾相手を探すときの動きの中に，進化の土俵の上に学習というのは必ず現れているのだろうと思います．そういうときに，記憶と学習をどういう形で進化の土俵の上に乗せていくかは，ある意味難しいと思うのです．でも，生き物を調べてそういうふうな現象を見ている私たちとしては，この連携をごく自然にできないといけないのだと思いますね.

池上 つまり遺伝子というのは，学習するための初期値を与えるようなところがあって，単純に考えれば，環境が変動するときには学習する時間は多くなったほうが有利で，そのときの環境に合わせて変化させますね．だから学習にかける進化的形質が選ばれる気がする．一方で，環境が変わらないのだったら，遺伝的に決めておいたほうがいいから，学習の可塑性というのは抑える方向で進化が進むような気がします．そういった環境の変動性みたいなものと学習的な可塑性をどのくらいもたせるかで，学習する率が決められてくるだろう，というのが普通の見方でしょうが.

嶋田 ただ基本的には，学習と進化は対立する要因ではないように思います．1世代の中で起こる学習と，その学習の結果としてそれが生物間相互作用を介して「食う-食われる」というような作用で，次の世代，また次の世代へと延長していくと，当然，そこには進化が関係してきますよね．そう考えると，最近は生態学者がつくるようなモデルの中にも，生物間相互作用の中にきわめて速い進化現象が起こるモデルなどが出てきた．たとえば「食う-食われる」の捕食作用がきわめて迅速に，こっちの餌からあっちの餌に切りかえるときに，キーになるような形質や行動のパラメーター値そのものが適応ダイナミクスで変わる，というようなモデルも作られ始めてきました．

池上 今やられている3種系の個体数変動というのは，その学習と進化の混合状態として生まれていると？

嶋田 どちらかというと，適応進化としての枠組みの上に学習による捕食行動が関係しているというものです．実験系の構成種に「食う－食われる」に関係する形質に遺伝的な変異をたくさん入れているわけではないので，そういう点では適応進化の方は止めておいて，おもに学習の部分だけで個体数力学を解析しているわけです．もちろん，そこに遺伝的な変異を多く持たせるような系にしたら，当然，そこに自然淘汰による適応進化の要素が現れてきます．それによってたとえば昆虫の実験系でも1年，十数世代くらいかけてパラメーター値が大きく変わっていくというようなことはありえます．

池上 弱いカオスがよく見られるという話があると思うのですが，前にホスト－パラサイト系を調べてヒストグラムをとったら，やはりリアプノフ指数（カオス状態の指標）がゼロの周りに集積するような傾向があると．津田みどりさん（嶋田研出身で現在九大助手）の解析もそんなに強いカオスというよりは，むしろ弱いカオスか，ゼロの近傍が結構多かったように思います．

嶋田 それは，私が4年かかって実験した3者系のデータをもとに，津田くんがセミメカニスティック・モデルで解析した結果ですね．大部分はゼロ近傍で，リアプノフ指数がほんのちょっと正のところに現れるというぐらい……

池上 そういう傾向というのは，学習の効果だと思えますかね．

嶋田 同じ行動の中にももっとミクロスコピックな，1世代の中での小さな動きのようなもの，たとえば個体数の力学そのものに大きく作用するようなスイッチング捕食みたいなものであれば，必ずそれが適応進化に波及していきますよね．だから似たような3者系でも，嶋田研の石井弓美子さん（博士課程3年）の実験系を見ていると，現時点では進化という形で現れてきてはいないけれども，当然のことながら遺伝的な変異を多く入れてやれば，そういう進化と学習がカップリングする現象も必ず現れてくるだろうと思います．

池上 なるほど．

嶋田 だから生き物を使って個体数変動の実験をするときに，遺伝分散が少量であって学習の効果が大きく現れる場合から，遺伝分散を十分に保有した状態にしておいて適応進化がはっきり現れてくる場合まで，いろいろと変わりますよ．

3．細胞内共生

嶋田 細胞内共生の研究は，深津武馬さん（産業技術総合研究所研究グループ長）と一緒に共同研究していろいろなことがわかってきて，たいへん面白くなっています．いま嶋田研の福井眞君（博士課程2年）が細胞内共生の数理モデルを解析しています．これは深津さんのアイディアでもあるのだけれど，「コンパクトな生態系」という視点です．コンパクトな生態系とはどういう意味かというと，細胞の中に，野外の

自然生態系と似たようなシステムがある．「食う－食われる」のようないろいろな構成要素，たとえば栄養分の餌が入ってきて，中間物質があって，それを酵素で別の物質に換えていって，最終的には老廃物や異化作用によって無機物質が出てくるわけです．――当然のことながら，野外の自然生態系も，構成要素間の「食う，食われる」「取り込み，排出する」の分解過程から成り立っています．ところが，今までの細胞内共生の進化モデルでは，分解過程というのは誰も考えなかった．とにかく垂直感染で親から子へ，子から孫へという形で受け継いでいくような適応度を計算するモデルばかりだったわけです．池上さんは知っているかもしれないけど，フランスのミッシェル・ロロー（M. Loreau）のグループは，自然生態系の分解過程について一般法則のモデルを *Amer. Natur.* に1995年に発表しています．私たちは，細胞内共生の中にそのモデルをそのまま……

池上 取り込もうと．

嶋田 そう．自然界の生態系と同じように，細胞内の代謝系の中にそれぞれの役割がきちんとあって，そういうものの分解過程の部分を特に注目してサイクリックになっている「コンパクトな生態系」としての細胞内共生というモデルをつくったのです．

池上 それはリサイクルですね．

嶋田 そう，リサイクル．リサイクルの中に，ホストとシンビオント（共生者）の間にギブ・アンド・テイクが現れる．当然のことながら，ギブ・アンド・テイクの部分が一方に偏るとパラサイト（寄生者）になってしまうわけです．うまくきちんと共存できるような状態になると，ミューチュアリスト（相利共生者）になります．連立常微分方程式系で解析すると，局所安定性解析をベースに共存条件をきちんと見つけることができたのです．

池上 それは，こういう意味ですか．最初の昆虫の3者共存実験系とスケールの異なるバージョンだと思うのですが，最初は非常に不安定なダイナミクスだけれども，だんだん一緒にいるうちに共生状態というものに向かって適応的に変わってくるという感じですかね．

嶋田 やはり基本的にはホストとパラサイトの関係というのは，ハッセルが70年代～80年代に解析したように，結局は発散系なわけです．発散系ではあるんだけれども，そこからシンビオントに進化するためには，それが安定した共存条件をもつ系にならないといけないわけです．そういう点では，3者系の個体数力学と同じように，発散しているホスト－パラサイト（宿主－寄生者）の状態からホスト－シンビオント（宿主－共生者）のほうに移っていくような，進化ダイナミクスの変化がないといけない．そういうものが，きちんと解析できるかどうかがキーポイントでしょうね．

池上 それは僕もすごく昔から興味があるのですが，もう亡くなられたけれど，石川統先生の，アブラムシとブフネラの宿主－共生者の系ですね．ホストが弱ってくる

と，パラサイトが共生をやめてむしろ搾取する方向に動き始めるみたいな話．

嶋田 ブフネラと一緒に共生している二次共生者のセラチアなどは，2つのタイプのシンビオントがアブラムシの中に……．だからやはり3者系なのですね．

池上 そうですね．

嶋田 その3者系の中で，たとえばブフネラというのはアブラムシにとってみたら絶対必須のシンビオントなわけです．ところが菌細胞という細胞の中で，二次共生者のセラチアは同じ宿主の菌細胞が棲み家だから，そこをめぐってブフネラと競争するわけです．そのとき，アブラムシから見たらブフネラは味方ですよね．その味方の敵であるセラチアは，アブラムシから見たら当然のことながら敵だろうということになる．しかし，たとえば夏の暑いときに高温状態になってくると，ブフネラは衰えてしまうのですよ．ところがブフネラが消えかかっても，セラチアは残っており，これが実はブフネラの代役をして，こんどはアブラムシに栄養を供給するような立場になるのです．これが深津グループの驚くべき成果でした．つまり，味方の敵は敵だったはずが，実はうまくやれば味方にもなれるんだというように，「関係性の逆転」が生まれるという面白さがありますね．

4．適応性

池上 こうした例は，個体のもっている可塑性，適応性（adaptability）なのですかね．

嶋田 はい．進化によって適応のベースが形成されるとき，適応進化の大きな枠組み全体の中で，個体は可塑性をもっているということです．可塑性の組合せとして，たとえば3者系のような形で「味方の敵は敵」みたいになるときもあれば，その味方が消滅したときにその敵が実はいっとき味方になってくれる「敵の敵は味方」，というような関係性の逆転も現れてくるのだろうと思います．

池上 生態系そのものが非常にアダプティブ（適応的）にでき上がっている．深津さんが前に言っていたのだけれども，必ずしも競争系だけじゃなくて，結果的に共生系になっているけれども，個々のユニットそのものもまた，内部に可塑性をもっていてアダプティブに適応していると．

嶋田 そういう点では理論家がモデルをつくるときに厳密な条件を置いてしまうと，もやもやっとした可塑性みたいなのは生まれてこない．そういう点，実際の生き物を見ているわれわれ生物学者には，生き物の振舞いがモデルに対してものすごく大きな示唆を与えてくれるところがあります．頭の中だけで演繹的に考え切るのは，結構つらいというところはありますよ．生き物をよく見て，生き物から学んで，そこからモデルを創るというほうが楽，という感じがします．

池上 異なる種が一緒に共生状態をつくることによって，進化を加速するというのは

マーギュリスの共生説に始まって，今はその考え方もすごく中心的なものになっていますね．

嶋田 まあ，今は中心的ではないけど，深津さんのグループがそういうデータをどんどん出してきているので，世界的に見ても画期的なテーマになりつつありますよね．

池上 四方さんもアメーバとバクテリアの共生状態をつくっていますよね．結局，種は違ってもお互いに共生状態をつくるという「根」というのはあるということですね．

嶋田 そう．だから進化という土俵の上に，もともと各個体がもっている可塑性——学習なども一種の可塑性の1つですからね．そういう可塑性をもっていて，もともとは敵だったのが，少し条件が変わると同じ土俵の中でちょっと役割が違うような，そういうペアになっていくこともあり得ると思います．それは短い時間スケールで，アトラクタから別のアトラクタへ変わるような感じでね．そういうふうに考えてみると，可塑性がもっている迅速な進化的現象というのは，これから非常に面白いテーマになっていくと思います．

池上 それが最初に言っていた進化観とは何かということですが，つまり種の壁は何かとか，種というのはどうやって規定していけばいいかということ，それとどんな適応性とか共生状態をつくれるとかを考えていくと，進化観も変更せざるを得ないのではないかという気になってくるのですが．

嶋田 でしょうね．だから20世紀型の進化観というのは，すごく厳密で固いもの，遺伝というものをベースに考えて，その上に進化というものを考えないとだめだというような発想ですよね．それに対してゲノムの遺伝的な構成は実はほとんど変わっていなくて，1つの遺伝的な土俵の上に広い可塑性をもっていて，その組合せで時にはこういう形になるときもあれば，別の形になるときもある．その要因が学習であったり，あるいは表現型可塑性として現れてくる．そういう意味では，実は結構いいかげんに，迅速な進化現象は起こっている．20世紀型の遺伝学をベースにした進化観から，大きく概念が変わるような時代に差しかかっているのではないかと思っています．

池上 ゲノムプロジェクトで遺伝情報をすべて同定していくということをしていますが，ゲノム情報で規定されるのに対して，実際に目にすることのできる，たとえば生態系の振舞いとかその細胞のありようというものは，すごく違っているということですよね．

嶋田 そう．遺伝情報の土俵の上に，ある程度広い可塑性があるのだと考えるほうが自然じゃないのかと思います．

池上 もともと僕は「食う-食われる」をベースに進化をやっていたので，最近の知覚とか認知のモデルをやっているのも，生物間相互作用を考えるときにもうちょっと

ソフィスティケートされたような複雑なものがあるのではないか，そうことをもっと考えたいと思うようになったからです．それはたぶん可塑性みたいなことをベースに，わずかな違いに敏感になったり，個体認識は，餌か餌じゃないか，敵か敵じゃないかでは決まらない複雑な要素がいろいろと入ってきて，そのことが相互作用とか行動を決めていくだろうと思ってやっているのです．だから，そういうことをベースに考えると，今までつくってきた生態系のモデルの下に，「食う-食われる」の相互作用の代わりに，別の可塑性ベースの違った生物の基本的な方程式がつくれるのではないかと．

嶋田 そう思いますね．つまり「可塑性」というキーワードは，20世紀型の進化観にはおそらくなかったのですよ．それはなぜかというと，集団遺伝学の総合説をベースに1930年からずっと遺伝をベースに考えてきたわけですから個体の特性というものはすべて遺伝子が決めているのだ，という発想です．それに対して表現型可塑性のメカニズムがだんだんわかってきた21世紀への移り変わりのときに，われわれは，進化のキーワードとして「可塑性」に注目する，というのは非常に重要だと思います．

池上 なるほど．――今日はありがとうございました．

チョムスキーの文法理論と
脳科学からの挑戦

酒井邦嘉 vs 池上高志

1. 言語の脳理論は可能か

池上 今日は酒井先生に最近のお仕事，特にここ数年で研究したお仕事についてお聞きしたいと思います．脳の，具体的にどういう考えをもとに言語に迫ろうとするかということから始めましょう．

酒井 自然科学で言語に迫ろうとするためには，問題を絞って何に注目するか，というところが重要だと思います．私はまず文法に注目して，それが本当に人間の言語を特徴づけるものであるならば脳に秘密があるはずだと考えました．その少し前の1992年に，MRIを使って人間の脳の活動を調べられるようになりました．MRIを使えばできるのではないかと思って言語の研究を始めたのが，今からちょうど10年前の1996年です．その方向は間違っていなかったといえるでしょう．当初予想していたよりも言語の深いところまで見られるのですから，手ごたえがあります．はっきりした作業仮説を立て，「文法とは何なのか」という形で突き詰めていって，研究が進むほどいろいろと新しいことが見えてくるという段階です．やはり文法は言語の基礎的な概念だったということでしょう．

池上 複雑系の科学で，コンピュータが生まれてから研究が進んだように，MRIという方法論がすごく大きかったということですかね．

酒井 そうですね．ただその方法論をどのように使うかも大切でしょう．

池上 コンピュータもそうですね．最初は何を計算させるかよくわからなかったのだけれども．

酒井 MRI自体は顕微鏡みたいなものですから，何を見るかが大事ですね．

池上 それまでは脳波測定くらいしかなかったのに比べてはかなり……

酒井 脳波やPET（ポジトロン断層撮影法）などの技術に比べると，MRIはブレイクスルーだったと思います．単に解像度が上がったというだけではなく，人間で繰り返し精度良く調べられる方法ですから．ちょうど顕微鏡や望遠鏡が発明されたことで，肉眼で見ていた時代とは大きな違いが生まれたのと似ています．つまり量的な違いが質的な違いにつながるということでしょう．その一方で，言語学ははるかに歴史

が長くて，ギリシャ時代からあるわけで，人間の言語についての現象論や理論は，脳の計測技術よりも進歩しているのです．今は言語学のほうが勝っていて，ちょうど理論物理学のほうが実験物理学よりも先行しているような感じです．近い将来，脳科学が言語学と肩を並べられるかどうか楽しみですね．

池上 なるほど．

酒井 MRIを使うことによって，これまで言語学が仮定していたことの正しさを確認できるようになりました．そのうち，言語学上の仮説のどれが正しいかを検証したり，未知の新しい現象を予言したりできるかもしれません．手ごたえがあるといったのは，そういう意味です．そうなってくれば，脳科学が単に言語学を検証するのではなく，車の両輪となる実験物理と理論物理のように，脳科学と言語学がリンクしていくようになるでしょう．そうした有機的な結合が，まさに融合科学なのだといえるでしょう．

池上 言語学の理論というと，チョムスキーがいますが，酒井先生はチョムスキーのところにいらっしゃっていたのですよね．

酒井 ええ．

池上 チョムスキーの理論というものが，脳の中でどういうふうに見いだされるかということが主眼で始められたと思うのですけれども．

酒井 そうですね．

池上 チョムスキー自身の理論もどんどん変わってきているし，どの部分を普遍文法といえばいいのでしょうか．規則だけで見ようとすると大変だという批判もあるわけなんですが，10年間の研究の結果として，チョムスキーの考え方というのはどのくらい変わったとか，もっとわかりやすい形になったとか，その辺をお願いします．

酒井 この10年間で言語学の進歩というのは非常に大きいものがあると思うのです．それ以前の50年代からのチョムスキーの生成文法に比べると，この10年で天動説が地動説に変わったくらい大きなインパクトがあったと評価できるかもしれません．新しい言語学の理論であるミニマリスト・プログラムが提唱されたのが，ちょうど10年くらい前です．どこが基本的に違うかというと，できる限り最小の仮定や文法操作で多様な現象を説明しようという，徹底した方法論がはっきりしてきたということでしょう．それはちょうど天動説で仮定されていた周転円を取り去って，基本的に楕円軌道だけで統一的に説明するという枠組みに似ています．ケプラーの法則から万有引力の定式化にたどり着くような変化が，これからの言語学に見られるかもしれないのです．今，脳科学がすべきことは，こうした新しいアイディアでないと説明できないというような，深い意味での実験的な裏付けを与えることでしょう．

池上 具体的にいうとどういう感じですか．文法について，チョムスキーの理論が出てきて初めて説明できたということは．

酒井　チョムスキーの生成文法では，たとえば1つの文から名詞句と動詞句を生成します．これは主語と述語に対応しますね．この名詞句から，「太郎の兄さんが」というようにさらに生成していくことができます．動詞句のほうも，「ゆっくり歩いた」というように生成できます．つまり，文から具体的な単語まで生成するわけです．ミニマリスト・プログラムでは，逆に個々の単語を結びつけることから出発して，文を組み上げていきます．つまり方向性が逆で，生成文法はトップダウン，ミニマリスト・プログラムはボトムアップなのですね．ボトムアップで記述したほうが，最小の仮定や文法操作で言語の基本的な性質を説明できる可能性があるわけです．しかも，チョムスキーの理論は，人間のあらゆる言語に成り立つことを意識してつくられています．こうした特別な「計算」が，脳の中で実際に実現しているとしたら，それはとても興味深いことです．

池上　ボトムアップで単語を並べていく……

酒井　単語を直列的に並べていくのではなくて，もっと構成的に組み上げて，樹形図を作っていくようなやり方です．それがもし本当だとすれば，脳科学でより検証しやすくなったと思います．そのあたりが一番深い変化でしょうね．

2．文法と意味の不可分性と独立性

池上　意味と規則を分離して考えようというのがチョムスキーでは譲れない部分だというような気がするのだけれど，どうでしょう．さっきのボトムアップ的な話だと，意味のある単語から文を構成するから，意味と規則というのは実は不可分だというような考え方になりますよね．

酒井　単語のレベルでは当然意味も入っていて，意味があるゆえに文法性を規定するというような，表裏一体の関係をもっと深い意味で理解できるようになるでしょう．たとえば，ある動詞が直接目的語（何を）と間接目的語（誰に）の両方をとるということまで規定されていて，意味も同時に記憶されているということです．

池上　なるほど．酒井先生の仕事で，「文法中枢」といって，脳の中で文法を処理する場所を特定できたということがある．規則と意味を分離できないのだったら，そうはならない．言語野としてブローカ野とウェルニッケ野があるという昔の考え方に対して，文法を担う領野があるというのは，パラダイム的には大きなことだと思いますが，その辺のことについて説明していただけますか．

酒井　文法か意味かを対比して脳活動を見るという可能性は，われわれの実験の少し前にアメリカのグループが試みていました．落ちついてよくその論文を読んでみると，ほかの説明も可能なのです．記憶の負荷や課題の難しさ，使っている単語自体が統制されていない．特に左脳のブローカ野のあたりというのは，短期的に記憶の負荷が上がると活動が上がることが，すでにたくさんの実験で知られています．文法とい

っても，基本的には記憶に関する操作で説明がつくのではないか，という認知科学的な考え方，特に心理学の考え方が優勢だったわけです．記憶の負荷を上げてやる場合と，記憶はさほど必要ないけれど文法の判断を必要とする場合とで，どちらが実際に大脳皮質の働きを高めるのでしょうか．2002年に発表したわれわれの実験では，このような比較をして，文法の判断に対して選択的に活動する領域を特定しました．

池上 なるほど．記憶の負荷というのは，たとえば複雑な文を理解するときのことですか．

酒井 もっと単純に，現れる単語を順番に覚えなくてはいけない，という記憶の負荷をテストしました．単語に関する順序の記憶です．もし，文の理解が順に現れる単語を覚えたり予想したりすることだけだとすれば，脳の活動は文法ではなくて記憶の負荷を反映することになります．ところが実はそうではない．文法処理に記憶は必要ですが，それ以外にもっと構成的な「文法の計算」が関わっているということです．

池上 そうですか．文法だけが特異的に障害される家系がある，という話を聞いたことがありますが，文法的な複雑さだけを処理しているところが脳にあるとすると，そこが特異的に壊れるという可能性もあるのですか．

酒井 「失文法」のような文法障害が報告されています．ある特定の遺伝子が原因となるかはまだわからないのですが，やはり人間の研究では非常に難しいことです．

池上 もう1つわからないのは，文法を使うという主体というのも同じ脳がやっているということです．文法の使い方というのは，どうやってそこに行き着くかという質問とも同じなのです．子供は最初，発達に伴って二語文とか話したりしますよね．そのうち，だんだん文法みたいなものが現れてくるのだけれども，その過程はどうなっているのでしょう．知的な発達と文法は同時進行ですよね．知的に発達して単語がどんどん使えるようになってきて，それと同時に単語をどう構造化していくかが身に付いてくる……．

酒井 それは非常に興味深い問題で，チョムスキーのもう1つの仮説である「言語の生得説」とよばれています．赤ちゃんがそういった文法を意識的に身につけることは不可能なわけです．赤ちゃんが主語と述語の概念や，五段活用のパターンを学習できるでしょうか．親は文法を意識的に教えないし，本人も意識的に学び取ろうともしない．大体，類推や捨象などの能力はまだ発達していません．それでは，発話自体に文法性を発見することすらできないわけです．

池上 そうですね．

酒井 そうならば，文法はもともと生得的に備わっていると考えるしかありません．人間の脳は，文法を計算できるようにあらかじめプログラムされているということです．

池上 そのとき，どのくらい親が助けてやらなくてはいけないのでしょう．

酒井 親は時には言い間違ったり，言い直したりするけれども，自然な言葉を豊富に子どもに与えていればいいのです．まったく言葉のない状態ではいけませんが，それは脳の中で言語のパラメータを決めていく際に，ある程度の情報を必要としているためでしょう．ただし，網羅的に文法の例を与える必要はないわけです．この非常に限られた文例から，脳がある特定の文法を決めるためのパラメータを順番にセットしていくのでしょう．その過程はまだよくわかっていませんが，ちょうど生物の発生で1つの卵子から細胞が2，4，8と増えていくうちにそれぞれの細胞の役割が決まっていくのと似ているかもしれません．言語獲得という現象から1つのモデルに絞り込むのは非常に難しい作業ですが，どこかのプロセスが解明できればそれが突破口になるでしょう．言語獲得にも生物学的なプログラムがきっとあるはずです．

池上 言語学だけでは言語発達の解明はなかなか進みにくいところがありますよね．脳から調べていって，それが助けられるような形になると一番いいと思いますけれども．

酒井 そうですね．それは生物学でも同じでしたね．発生の遺伝子が明らかになる以前に生物の発生の過程を一生懸命観察しても，その基本原理を見つけることは難しかった．「個体発生が系統発生を繰り返す」というような古典的な説では，なぜそうなっているのかを説明するところまでは行かないですから．

池上 そうですね．

酒井 いくつかの発生の遺伝子がオンとオフのスイッチを切り換えることで，これほどまで複雑精緻な体の構造ができ上がるわけです．言語獲得のときに脳の中でどんな現象が起こっていて，文法のパラメータをセットするというのは，一体どんなからくりなのかを知りたいですね．

池上 一般に一番興味がもたれている問題に，言語の起源という謎があります．サルと人間の差はどこにあるのか．遺伝子にそれほど違いはないにもかかわらず，人間だけが言語を使えるのはなぜなのだろうと．たとえば動物の脳の配線を1本つけかえたら，言葉を話せるようになるのではないかというようなことを，考えてみたくなりますね．ミラー・ニューロンのようなものが言語の起源になり得るのかどうかは問題だと思うけれども，自分の動作でも相手の動作でも同じニューロンが発火するというミラー・ニューロンの性質は，ある行動をユニバーサルに表せるわけです．動詞や形容詞という抽象的なこともニューロンが表せるのなら，これが言語につながると考えられませんか．

酒井 それは，言語に限らずもっと一般的な脳の「符号化」の問題でしょう．たとえば脳の視覚野も視覚情報をユニバーサルに表しているわけです．

池上 なるほど．

酒井 主観的な「赤」という色の概念は人によって違うかもしれない．しかし，言葉

を使わずに赤い色に脳が反応すること自体は，人間もサルも変わりありません．知覚についての脳の基本的なデザインは，霊長類に共通だと考えられています．ミラー・ニューロンのような運動のイメージの模倣もまた，言語と関係なく脳がもつ特性の1つなのでしょう．動物にも相当な個体差があるわけですが，脳の基本的なデザインが保存されているからユニバーサルなわけです．知覚と運動という入力と出力の両方をうまく統合した脳のシステムが進化の早い段階ででき上がったことは間違いない．しかもそのシステムは動物の生存にとって非常に有利だったでしょうし，進化の過程でどんどん精緻なものになっていったわけです．単に体を動かすということだけではなくて，視覚や筋肉などの知覚情報によってさらに微妙なコントロールをかけられるようになります．神経系のトップダウンのシステムとボトムアップのシステムを両立させ，しかもその間の連絡を密につくっていったわけです．相手の動きを見ただけで自分の体が動いてしまうような，知覚からくる錯覚も起こる．その逆に，自分をくすぐっても，あまりくすぐったくないのは，すでに脳にあるフィードバックのループが感覚を抑制してしまうためでしょう．こうして，自己と他者を脳は厳密に区別しているわけです．このようなメカニズムがベースになかったら，言語も生まれなかったでしょう．けれども，その次にどうしたら言語が生まれるところにつながっていくのか．そのつながりは，はたして連続なのかどうか．

池上 そこが問題ですよね．

酒井 そう．そこに本質的なギャップやジャンプがある，ということを認めるかどうかは，多くの生物学者の間で意見が分かれていると私は思います．

池上 生物学者は，ほとんど言語について考えることはないと思うのですよね．言語学者は，ほとんど……

酒井 言語のことしか考えていない．

池上 そうそう．たとえばロボットを使って研究している人は，そこはもう連続だと思っていますよね．行為の一部として言語があるだけだとみなしている人もいる．もしギャップがあるのならそのギャップは何か，といわれたらどういうふうに答えますか？

酒井 それは文法なんだと答えますね．人間の言語の文法性は，非常にユニークな特徴を備えています．チンパンジーと人間の間には，現存しない化石人類というたくさんの種がいたわけで，動物と人間の間に生物学的なギャップが存在することは明らかです．その進化を連続だというふうに言い切ってしまうのはあまりにも乱暴な話です．現在の地球上にチンパンジーやピグミーチンパンジーがいれば，それで十分でしょうか．元々そのギャップを埋めるはずの種がいたわけで，その過程で脳が次第に大きくなり，言語が生まれたのですよ．

池上 なるほど．

酒井　化石人類の遺伝子が抽出できて，同時に言語に関する遺伝子がわかったなら，一番肝心のからくりが解けるわけですが．

池上　複雑な文法がギャップであるというのは，そうだと思うんだけれども，一番大事なのは文法を意識的に使えるかどうかじゃないかと思うのですけど，どうですか．たとえばネズミに，どうやってレバーを押したら餌が出てくるかということは学習できますよね．こうした操作性は，かなり難しいものまでできるのではないかと思うんだけれども，その操作そのものを意識的に発展させて使っていくということには，違いがあるのではないかと思うのです．

酒井　動物のシンボル操作の大部分は意識的ではありません．

池上　でも人間は操作に対して意識的であると．

酒井　人間は両方できます．でもそれは，言語そのものの問題と切り離して考えるべきなのかもしれません．つまり言語に関しては，意識的にコントロールすることもできるし，意識せずに使いこなすこともできます．動物の場合，脳がもっている制約の中でルールを獲得し，それに従ってコミュニケーションしているわけです．たとえばミツバチのダンスは，暗黙のルールに基づいていて，しかも種に特有なコミュニケーション方法なのですね．

池上　ミツバチには，8の字を自分はこういうふうに回るんだ，という意識はないでしょうね．

酒井　そうそう，それは確かに無意識的なルールなのです．意識しなくても行動に組み込まれているところが大事だということです．人間の言語の文法は特殊だけれども，文法そのものは暗黙のルールに基づいているから，赤ちゃんも覚えられる．人間の種に固有な言語の文法性が脳にはあるのです．

池上　この問題はまた戻るとして，2番目の話題です．最近のお仕事で，英語の学習に関して，特に大学生になると脳の「文法中枢」の活動が節約されるという話を伺いました．その辺について解説していただきたいと思います．

3. 第二言語の習得

酒井　まず英語は，日本語と比較するとだいぶ異なる言語ですね．しかも，本格的に英語を学び始めるのが中学1年生だとすると，この頃に脳の感受性期が終わりに近づくといわれているので，母語と同じようには獲得できません．それでは，母語を通してできあがった脳は，新しい言葉である第二言語にどう反応するのでしょうか．実際に中学1年生を対象にして，英語動詞の過去形という活用を初めて学んだときの脳の活動変化を調べてみました．すると，この英語テストの成績に比例して，「文法中枢」の活動が増えることがわかったのです．同様の調査を，中学1年生から英語を習い始めてから6年経った大学1年生でも行いました．中学1年生のときと同じで，す

べて海外の滞在経験のない人たちです。その結果，大学生では，英語テストの成績に比例して，「文法中枢」の活動が逆に減ることがわかりました。大学生になると脳の「文法中枢」の活動が節約されているのです。日本語では，「食べる，食べた」とか「行く，行った」というような活用変化を意識せずにできるわけです。英語の動詞の場合は，規則的にedをつける変化と，それ以外の不規則な変化がありますが，基本的には同じ活用変化なのです。その証拠に，中学生でも大学生でも，日本語の時とまったく同じ「文法中枢」が活動します。

池上　なるほど。

酒井　それから，英語を習いたての人や，大学生でもまだ過去形を完全にはマスターしていない人は，右の前頭葉や小脳といった文法中枢以外の場所も活動していました。つまり，文法中枢だけではうまくいかないので，他の脳の部分の助けを借りているのですね。母語ではこのようなことはないので，第二言語の文法も熟練すれば母語と同じメカニズムで身に付いているのだと考えられます。ですから，中学1年生から英語をやったのでは遅すぎるということはありません。脳で見ればネイティブ並みになっている人がいるわけですから。脳は，学習の過程でダイナミックにその働きを変えているのです。

池上　文法中枢というのは，母語とそれ以外の言語で共通しているのですね。

酒井　現在の技術で見る限り，完全に重なっています。以前，ブローカ野で母語と第二言語が分かれているという *Nature* の論文があったのですが，その後だれも再現できていませんし，分かれていたとしても2つの言語の運用能力の差として簡単に説明できてしまいます。

池上　言語に共通した文法は，単語そのものの記憶と別のところにあって，しかもそれがだんだん熟練で洗練されていくということですね。

酒井　そうです。そこが面白いところです。

池上　そうした途上のメカニズムというのは，どう考えたらいいですか。最初はいろいろな脳の場所を使ってやっているということでしょうか。

酒井　学習の初期には意識的な訓練が必要ですし，先生が手本を示したり，ヒントをくれたりしますね。そのうち，だんだんと自分だけで自然とできるようになります。

池上　無意識のレベルに落ちていくということでしょうか。

酒井　そうですね。熟練すれば無意識化して自動的になっていきます。これは一般の運動学習でもいえることですね。たとえばテニスを習うとき，最初はラケットの振り方やフットワークを意識しながらフォームをつくっていくでしょう。しかし，それをいつまでも意識的にやっていたら，飛んできたボールに間に合いません。熟練すれば，「反射」といえるくらいに体がスムーズに動くように自動化していくわけです。運動の学習が無意識化することをうまく説明するのが，伊藤正男先生の「小脳－大脳

仮説」です．ピアノの習得を例にとると，はじめは意識的に楽譜を見ながら指を動かしますね．大脳が先生のように指示を与えながら，少しずつ間違いを矯正していくわけです．だんだん熟練すると先生がいらなくなって，すらすらと勝手に指が動いてしまうようになります．この運動のパターンは小脳に記憶されていて，自動的に再現できるというわけです．外国語を話すのも，これと良く似ていますね．

池上 外国から帰ってきてすぐだと，日本語が英語に聞こえちゃったりするときがあるじゃないですか．ああいうのは，どういうことなのですか．

酒井 なるほど．2つの言語をスイッチするときは，文法中枢以外の脳の部分が関わっていると考えられていて，それにも訓練が必要なのです．同時通訳はとても熟練が必要ですね．海外で日本語を使っていない時間が長ければ長いほど，英語のほうがむしろ自然に出てきてしまいます．このような場合，突然日本人にポンと肩をたたかれて，とっさに出てくるのは英語でしょう．それから，とても不思議な失語症が知られていて，今週は日本語がうまく話せないけれど，来週には日本語が回復して英語が話せなくなるということがあるそうです．

池上 それは面白いですね．

酒井 どちらかはある程度話せるわけだから，話す能力自体ではなくて，言語のスイッチのトラブルということになりますね．WindowsとLinuxを両方搭載したパソコンで，両者のスイッチにあたるブートプログラムに問題があるだけで，一方がうまく立ち上がらないのとよく似ています．

池上 最近のチョムスキーへのインタビューで，チューリングみたいな理論がやはり言語には必要なんじゃないかという話をされているのですが，その辺は酒井先生はどうですか．どうやって文法というものができてくるのか，という説明はどうなっているのでしょう．

酒井 そこがもっとも深い意味で面白いところでしょうね．文法に見られる入れ子構造は，幾何学的にはフラクタル性と同じです．人間の脳がフラクタル性をわかるようになったということが本質的なのではないでしょうか．人間が無限を扱う数学をわかるようになったのも，脳のこの不思議な性質に由来するのです．木の枝や遺伝子発現の連鎖のように，自然界にはすでにそういうフラクタル構造があるわけです．人間の脳を使ってフラクタルな構造を意識的に計算できるようになったというところが決定的に面白い．そういう意味では，発生学や脳科学も，同じ自然界の法則を相手にしていることになるわけです．これこそ真の融合科学ですよね．

池上 そういう理論体系が必要ですね．

酒井 フラクタルのようなアイディアが理論的に数学で提案されて，実際に自然科学のいろいろな分野に影響を与えているわけです．自然科学は，決してフィールドを狭くしてはいけません．数学がなかったら，言語がフラクタルだということもわからな

かったでしょう．

池上 そして，無限性をもつというところが重要ですよね．入れ子構造でも，有限のものとは質的に違うものがある．そこがやはりチョムスキー理論の核心だと思われるわけですね．酒井先生がいわれた規則と文法は，常に無限性をもつ規則を意識しているわけですか．

酒井 まさにその通りです．こうした問題に関心をもつ研究者たちが将来の融合科学を変えていくことでしょう．だから理系の脳科学と文系の言語学には垣根がないのです．

池上 よくわかりました．無限の話について，ぜひ実験をやってみたいですね．どうも，今日はありがとうございました．

化学反応から生命の生成へ

菅原　正 *vs* 池上高志

1. 構成論的な化学実験

池上　細胞をつくる，生命を理解する，のような学際的なプロジェクトでは，物理学者や生物学者，化学者が一緒になって研究するのですが，それぞれ「面白がり方」が違う．こういったやり方は菅原先生にとって大変でしたか？

菅原　いや，むしろとても楽しかったです．私は化学者ですが，物理学者のような見方もしたい．つまり，複雑な現象の背後に単純な規則が隠れている，それを明らかにしたいと思うのです．トランプゲームに例えると，わずかなカードを開いて手を読めればいい．だけど化学者は，カードは1つ1つ違うんだから，できるだけ多くめくったほうが偉いみたいなところがある．10枚より100枚，100枚より1000枚という感じに．しかし私はそれとは違う志向性があって．実験で，なんか面白い現象が見つかったとします．それをできるだけ単純なシステムで再現するところがいいと思うわけです．実際の細胞と同じように細胞を再構成したら，同じように機能するのは当たり前なので，むしろ，こんなにシンプルにしたのに，なお本質が見えてくるといったところに，興味があるわけです．それともう1つ言っておかなくてはいけないのは，このテーマを始めたところ，大変優秀で意欲のあるポスドクの人や院生が集まってくれて，皆でワイワイいいながら楽しく研究を進めることができました．

池上　それは複雑系のアプローチとも似ていますね．複雑系はおもにコンピュータシミュレーションの中で面白い現象を見つけてくるのですが，それが出てくるための何かしらの仕掛け，ブラックボックスが用意してある．たとえば，カオスであるとか，進化のアルゴリズムのような．でもそれはそんなに明示的ではなかったりします．化学でもそうしたブラックボックスというか，これとこれを混ぜてこういう条件でみると，面白くなるというようなのがあるのでしょうか．デザインしてしまうと難しいのだが，つくってしまうと簡単のような…

菅原　それはあると思います．この21世紀COEで具体的にやってきたテーマ，自己複製するベシクルをつくろうという問題がそれです．両親媒性の物質を水に混ぜるとベシクルができる，それはみんなわかっていた．だが，どうやったらそこにダイナミ

クスが持ち込めるか．ベシクルが「太って割れる」，なんてダイナミクスが，はたしてできるのか，皆目わからなかったわけです．ところがなんとなく「勘」で，両親媒性分子はみんな2分子膜になっていて，外側と内側に親水部（極性基）を向けている．だけど好熱古細菌のように太古の昔から生きていた生物は，熱水の中で生息していたため，熱水でも溶けないような膜をもっている．つまり，膜分子の両端に極性基があり，それらの極性基をつなぐ疎水部も互いにバラバラになりにくい分子を使っている．だから，通常の2分子膜の中で，そういう異なる形をもった膜分子が自然とできてくる系を作れば，2種の膜分子の境目辺りがほつれて，膜の変形が起こるのではないかというアイディアがひらめいたわけです．そのアイディアをどうやったら反応式で書けるかって，ポスドクや院生の人と一緒に考えているうちに，だいたい2ヶ月くらいで，実際の反応系ができてきて，顕微鏡の下でボコボコと新しい袋状の会合体が生まれてくるのが見えてしまったというわけです．

池上　なるほど．それは完全な設計をもとにするオートマトンでシミュレートされる自己複製とは違って，うまい「形」を放り込んでやると自然に自己複製してしまうという意味で，面白いですね．その形はブートストラップ（電算機の用語で，コンピュータが使える状態になるまでに自動的に進む一連のプロセス）させるための形というわけですね．

菅原　異種の膜分子ができてくると，あとは内部に入っていた袋が浸透圧で押し出されてくるのではないか．とにかくその辺はやってみないとわからないわけです．これまでの経験でも，なんとなくこの分子を放り込んでやると面白いことが起きるんじゃないか，といった調子で実験をやってきて．その辺の蓄積があった．いつも楽観的にやるようにしています．

池上　ところで，こういうふうにできてしまったところで，どうですか，自己複製は生命の本質であるという感想をもたれますか？

菅原　そうですね．もし生命のユニットが細胞で，細胞という外界から独立した反応場を増やさなきゃいけないとすると，細胞が複製することは，生命の本質といえるのではないかな．

池上　生命の反応場は，ある程度狭い空間で起きる必要がある，だからその狭い空間を保持するために細胞が分裂しなくてはいけない．とすると自己複製が生じる1つの説明とかにはなると思うのですが，そういった狭い空間の化学反応という議論は多くなされているのでしょうか．

菅原　それが，ほとんどないと思うのです．化学反応でも溶液に溶かして行うのと，秩序だった反応場の中で起こすのとは随分違うことがわかってきました．さらに，何種類かの反応場を効率よく使うには，ある程度閉じた空間の中で反応させるのが必要だと思うのですよね．

池上　同じ反応を空間の広さが違うとぜんぜん違うっていう話はあるのですか？

菅原　狭い空間で分子の動きが束縛された状態で反応させると，拡散が律速になってきて面白いって話があるでしょ．普通は化学反応は溶液の中の話だけれど，細胞内の反応は，膜とか巨大分子の内部で起こるので様子がずいぶん違う．1個1個の分子がもっているエネルギーのばらつきもみえてくるかもしれない．そこがみえてくると，学問的にもすごく面白い話題になると思います．

2. 階層性のブートストラップ

池上　ある階層を用意してやって，その上の階層ができる．菅原先生の場合であれば，両親媒性の物質を用意してやって，ベシクルができる．だけど人工生命では，そのできた階層がさらに上の階層をどんどんつくっていくというように，レベルがどんどん上がっていくということが難しい．化学の立場からはそういうことは問題になりますか？

菅原　それは化学では扱うのがとても難しい問題です．階層がある構造というのが非常に大事だと思うのですが，各階層どうしを結びつける情報という仕組みが大事．だけどそれはなかなかうまくできない．まさにこれから挑戦していく課題でしょう．

池上　階層がブートストラップしたり，階層間を結びつけるのが難しいのは何か理由があるのですかね．

菅原　うーん．分子の自己集合化，自己組織化というのは，今漸く関心をもたれてきたテーマですけど，今までの化学では，1つの分子を，どううまく作るかに興味の中心があったもので．そこの観点が欠落していたといえます．でも，物質が電気を流したり磁性をもつという性質は，まさに合成した分子がどう集合するかで決まってくる．当時私はそこが面白いと思って，分子集合体の物性を研究していました．ある日，永山さん（現生理学研究所教授）がやってきて，じゃあその結晶の上位の構造は？ってきかれて，エーッとなってしまった．私なんか，結晶構造がわかると，電子構造もいろいろ計算できるし，それでいいじゃないかと思っていたのだけど，永山さんは，生命の本質は情報と階層構造にある，おまえの扱っている系では結晶の外側には何もないじゃないかと．最初は永山さんが何を言っているのかわからなかったけれども，いろいろ考えているうちに，なるほどと思うところがあって，結晶だとなかなか階層が上がらない．それで，結晶ではなしに，構造体というものが面白い．つまりネットワークだとかベシクルだとか螺旋だとか，そういうある形をもったものをつくって，それらの間に相互作用を持ち込んで，階層性がどんどんあがっていく仕組みを研究したいと思うようになったわけです．

池上　そうだけれども，なかなか階層性は上がらないですよね．何かクリティカルな形があって，その形を与えると階層性が上がるのならば素晴らしいのだけれど．

菅原　一番簡単なのは，ベシクルの表面に何か埋め込んでおくわけ．それでその間で相互作用をもたせると，ベシクルがネットワークになることがわかりました．これは末端に DNA の切れ端をつけた両親媒性分子なのだけど，これをベシクルにこう突き刺してしておくと，相手を認識してバァーッとネットワークができる．今はこんな凝ったことをしているけど，pH をうまくコントロールしてやると，膜の電荷のバランスでネットワークができることもわかりました．何か認識部位があって，環境が変化したときにワーッと集まるという仕組みをつくれば，ネットワークができる．ネットワークをつくっておいて，中に入れたものどうしをコミュニケーションさせると面白いですね．

池上　ベシクルの表面にくっつけてどんな相手を認識できるかという仕組み，ベシクルの中味と関係させられれば面白いですけどね．

3. 情報と運動

菅原　今はベシクルの情報といって，DNA の分子を使っているのだけど，それは DNA でなくてもいいわけ．単純なポリマーで認識するものができればなおいい．DNA だと塩基配列の順番とかすべて確認する手段があるのに，ポリマーだと解析手段から何から自分でつくらないといけない．そこで当面 DNA を使っているわけです．

池上　でもどうなんでしょう．今の話だと情報はすでに鎖状の DNA のようなものだという考えがあるのですが，ずっと原始的な生命の複製を担う情報媒体は，もっと安定性とかの観点が重要なのではないですか．こういう膜ができた必然としてこういう情報ができた，というと情報と構造が不可分になる．今の仮説だと DNA 起源とタンパク起源があって 2 つが合体して生命ができたという考えですよね．なにか別の生命観は示唆できないですか．

菅原　確かに DNA というのはよくできているので，みんな DNA を前提としているけれども，そもそも生命は膜やタンパクが先か，DNA が先かというのは大問題ですね．

池上　精度というのはどうでしょう？　複製の精度をコントロールする化学があれば，そういうのは最初の情報の起源になるのではないか．もっともはたして複製の精度が必要かは問題になるのだけれど．

菅原　どっちかというと RNA，DNA ありきじゃなくて，自己複製する袋みたいなのがあって，それが自己複製する情報分子と出会うことで生命が爆発的に増えて，というシナリオがあると思います．私としては，膜を大切にしたい．

池上　動きだすことが本質なのではないですか？　こっちにエサがあるとか，敵がいるとかいう認識が可能になって．動き始めることによって，階層を登ることのきっか

けになったのではないですか．
菅原 それは植物でもそうなのですか？
池上 植物は自己というのがあまり生まれないのではないかと思うんです．植物は1個の細胞からでも複製できてしまうし．植物も止まっているわけではなくて，タイムスケールが違うだけではあるのですけど．
菅原 Weizzman 研究所の Lancet さんという，膜にすべての情報が埋まっているという話をしている先生がおられるのですが，この前ヴェニスへ行ったとき，私が1つはこの複製の話，もう1つは複製過程にみられる安定性の話，そして最後に動く自己会合体の話といった膜の三題話をしたのですよ．そうしたら Lancet さんが最後に質問して，どうしたら2番目の話と3番目の話を合体できるか．それができれば感覚器官から信号を伝えて行って，エサに向かって動くような細胞ができ上がるではないかと質問され，おっ，飛んでいるって，びっくりしました．
池上 実際今やっている膜をもった抽象細胞システムのシミュレーションで，膜を作り直さなければいけないのですが，作り直すときに透過性の良い分子と悪い分子があって，透過性の良い分子が入ってくる．そうすると細胞がどんどん動けるようになって，ますます透過性が良くなる．そこで細胞は化学勾配を登ることも可能になってくる．だから動くということが，膜の作り替えを欲している場合には，センサーのようなものが進化して，動くということがセンサーの進化を促すのではないか．だから動くということと膜の生成がどこかでリンクしていればね．うまくいくのではないかと．そういう理論をつくっています．

4．小さな空間の中の化学反応

菅原 そうすると今われわれの研究室で合成している油が膜をつくりながら後に吐きだして，自ら動いていくという反応系は，ちょっと考えるヒントになるかもしれない．情報をもつ自己複製系と動く自己集合体がつながると細胞モデルとして階層性が上がることになります．走化性とかいろいろでてくるし．
池上 生命を研究するときにみんなが階層性だけでなくて，情報とかセンサーに興味をもっていくのは，それは結晶成長との差異化をしたいからです．内部構造の豊かさとか，学習とか適応ということができてくるのはなぜかと，結晶とは違う生命システムへの第一歩なのではないかと．そうするためにはシステムが自発的に動くということがないといけないのではないか．動くことでセンサーが進化する．環境に対する差異化ができてくると．
菅原 少し話が違いますが，われわれは最近偶然のきっかけで自発的に巻き直しをするらせん構造というのを作り出しました．ちょうど pH が8じゃないとらせんが保てない．少し pH を低くすると油になってしまって，少し pH を高くするとベシクルに

なる．これを使うと，面白いかもしれませんね．片方が油で，片方がベシクルのような細胞ができ上がる．

池上 そうですね．何かほどきながらつくりながら動くような，半分壊れながら半分作りながら動くものができあがると，外に対する鋭敏性をもったものができあがるのではないかと．

菅原 こういうふうに床を這って行くものができないかと思っているんですけど，壊れたものがこっちに運ばれていって，こっちでつくられる．

池上 そういうことがないと，多くの人にとって，いつまでたっても膜は袋である，というイメージができあがっている．いまの細胞をみたら袋だけではないのだが．その辺は改めてどうでしょう．なぜ袋が必要か．

菅原 なぜ袋が必要か，阪大の四方グループの発表を聞いていたときにちょっと考えたんだけど，細胞のまわりの水の中にそれを壊す毒素があったとします．袋で囲んでいると入ってこない．つまり袋が反応系の防御機構になっている．たまたま侵入したものは死んでしまうけど，入らなかったものは生き残る．それで進化するときにバラツキが出て，生き残る種ができていくといったことがあるのでしょうね．多重膜になっているもののほうが，いろいろな反応場が設けられるから，さらに生存に有利な反応系がつくれるかもしれませんね．

池上 話が少し前に戻りますけど，小さい空間の，ナノスペースの化学反応というのはどのくらいわかっているのでしょうか．

菅原 北森さんのマイクロ流路の研究は，その点でとても面白いと思っているのです．もう少し化学反応の本質をみるという方向が出てくるとすごく参考になるのだけれど．そういう方と議論すると，アイディアが湧くと思いますね．

池上 細胞の化学反応っていうと，膜の上で起こることが大事なのか，水中で起こることが重要なのか，どうなんでしょうか．

菅原 水の中の反応ももちろんあると思いますが，やはり特徴的なのは，膜の中に特定の配列で酵素が並んでいたり，膜の中で基質が拡散していって反応することで，多段階の反応が順番に進むところがすごいのではないでしょうか．細胞の中っていうのは，いろいろな膜でできているでしょ．こっちでできたものが運ばれて別の膜に移されて，さらに反応したりしているわけですよね．光合成をするチラコイド膜では，光で誘起される電子移動に続いて，キノンプールのある部分でプロトンと電子がヒドロキノンという分子で運ばれていくでしょ．その後，膜の反対側でヒドロキノンが酸化酵素でキノンに戻るときにプロトンを膜外へ放出し，プロトン濃度の勾配ができる．こういうのが細胞膜のすごいところだと思います．

池上 膜の表面や内部での大きな分子の配置が化学反応におけるパラメータになっている．

菅原　まさにその通りです．ここでは，これをやらせる．次はこっちで，これをさせる．それぞれに適した場が用意されている．ということですね．もっとも最初のうちはもっとアバウトになっていたのでしょうけど．

池上　そういうモデルは可能ですね．2次元のオートマトンは，どこに何があるかで反応が違うということがやはりあるわけで…

菅原　その仕組みをうまく作っているのが，細胞の中での反応の本質だと思うのです．あと，これに細胞全体の動きが加わると，対称性がくずれて不均一な場が生まれていったのかもしれませんね．

池上　そのことが契機となって，こういう膜の表面が非一様なパターンが生まれてくる．

菅原　こういう仕組みも最低限の複雑さというのがあって，それを越えると後は放っておいても進むようになると思います．そこがどこなのか．意外に近くにあると思いたいのだけど．

池上　こういうのはマクロな機械と違って，揺らいでいるから適応性をもつということが見えてくると楽しいですね．ぜひ，動きながら賢くなる細胞モデルを創ってください．期待しています．

ゲーテの生命観と発生プロセス

浅島　誠 *vs* 池上高志

1. 自然知能と人工知能

池上　アーティフィシャルインテリジェンス（人工知能）という言葉がありますが，僕はそれに対してナチュラルインテリジェンスを考えたい．自然さというのは言葉でいうとあいまいだが，自然の状況の中における知性とか，普通の生物がもっている生（なま）の知性，そういったものを形にして理解していくことを考えたい．計算機は何ができるかということも今の計算機でわかってきたので，今度わからなくてはいけないのは自然の知性，ナチュラルインテリジェンスとは何かということだと思うのです．そのときに，ナチュラルインテリジェンスをどういう分野で研究したらいいかといったら，ここがやっているような学際的なつながりを重視した融合科学的な視点から，自然とは何か，いうことまでに想いをはせるのが，面白い方向ですね．

浅島　そうですね．融合科学をして生命がわかったということの1つに，人間を少し理解できたということがあります．人間が理解できたことで，社会との関係を含めて，自然界全体の人間の位置がだんだんと見えてきた．融合科学の初期の段階では，新しい細胞生物学という新しい分野が確立した．研究が進むにつれて，そこからさらに，個の統一と自然との統一が見えてきた．それが，僕は融合科学だと思うのです．ですので，そういう意味では，融合科学というのは人間復権ということですね．

池上　そうか，人間復権というのは面白かった．僕はあまりそれは聞いたことがなかったので．浅島先生はそういうことも考えておられるのですか．

浅島　ええ，僕はそう思っているのです．われわれはやはり人間との対話が必要で，機械との対話ではないと思うのです．人間復権をどうするかということが，今回の融合科学で一番求められたのではないかなと僕自身は思っているのです．

池上　なるほど．一見すると，科学というのは人間を排除する方向に頑張り，人文社会は一生懸命人間を中心に考えるようにみえる．人間を中心にすると，使える言葉は

この章は，紙面の都合により，はじめ20分程度の部分を，割愛することしました．本対談の内容は，「21世紀COEのこれまでの歩み」に関しての話に始まり，続いて，「生命とは何か？」という話題に話が移り，少したったところからの様子です．

自然言語になってしまうから精密さに欠けるようなイメージがあって，科学は人間を排除することによって客観的な構造をつくり上げてきたような意識がもたれるけれども，実は自然科学もそのようにやった上に，人間の位置を求めることが重要だと．

浅島 ということだと思います．人間の復権といったとき，それは自然というものを俯瞰的に見ることができたから，できたと思うのです．つまり，それは細胞というものを超えて，集団があって，集団の中から今度は自然というものを見たときに，われわれは自然の持っているすごさをもう一度見直すことができたわけです．融合科学で求められているのは，こういったことではないかと思う．

池上 なかなか難しいのは，融合科学創成ステーションの第3班の掲げるような，認知，記憶，意識，知覚というような問題と，たとえばベシクルをどうやってつくるかのようなことが，将来的にはつながってくるかもしれないけれども，なかなか遠い．何か重要な考え方がまだ1個抜けているような気がする．知覚とかの段階になった場合は，もう脳から見ることが決まっているし，脳の神経活動をどうやって見るかということにもすごく焦点が当てられています．そういう見方そのものが変えられるならば，融合科学創成ステーションをやった結果として，意識や記憶ということに関して細胞レベルから考えると，全然違う観点から光が当てられる．人間復権というところまでは行かないけれども，徐々にそういったことも取り組んで……．

浅島 今はまだ科学は途上であって，知りたいということと，それの証明というところまでを一生懸命やっているわけです．それを知ったときに，それを模倣することはできても，絶対のものにはなり得ないのです．

池上 浅島先生がそう考えているのを全然知らなかったので，すごく新鮮ですね．浅島先生にとって「わかる」というのはどういうことですか．

浅島 僕にとっては，現象というものが先にあるのです．……．たとえば，心臓とはどういうものであるかと．心臓はつくってみないとわからないから，まず心臓とはどういうものであるかというのを理解しようとするわけです．

池上 じゃ，まずつくることによって，わかろうということ．

浅島 そう．その次に，今度はそれを分析しようとする．そうするとそこの部分だけを見たのでは，決してそれは心臓になり得ないわけです．

池上 心臓をつくりたいのだけれども，心臓をつくるためにはその周りの構造もつくっていく．

浅島 ですから構造，他のものがあって初めてそこにものができる．そこにはひとつの個という統一性があるわけです．この個のもつ統一性，全体性，これもひとつの非常に大きなテーマであって……．

池上 それは，まだ解かれていないですよね．

浅島 全然ないです．今は部分を解析するというものがあって，部分を微分している

ような形です．要するに，還元していると思うのです．それをインテグレートするような積分によって新しい理論が出てくるはずです．

池上 たとえば皮膚感覚を考えるときにも，体性感覚野がそれぞれあたかも独立にあるように書いているけれども，そうじゃないですよね．ここが痛みを感じているところであるためには，別の部分がこうでなくてはいけないというような，全体のロジックが両方入っていなくてはいけない．すごくディダクティブであり，同時にインダクティブであるような理論構造がなくてはいけない．

浅島 そうです．セルというのも，二重にも三重にも保障されていると思う．つまり，あるものが普通はそのものしか見えないのだけれども，そのものを伝えているものはもう1つ別なものがあって，そのものもまた別のものが伝えている，というように全体としての見方が今必要になってきている．1個1個の細胞，脳のここのところの記憶とか，ここのところが言語中枢，それはそれなりに科学として進歩だけれども，やはり脳として見たときに，なぜ人は脳というものに対してそういう見方をするかというと，本当にそれだけで脳がわかるかと．そうすると，脳がわかったら心がわかるかというと，心はわからないだろう．もうちょっと別のロジックが必要であろうと．そうすると，その感情も含めて，もっと見方をいろいろな階層の中からだけではなく，それを……．

池上 ヘテラルキーという言葉もありますけれども，階層が入り乱れているような構造を理解して．

浅島 入り乱れているところが生命だというようなことで，そこですよ．

池上 そこは重要ですよね．

浅島 ええ．

池上 みんなきれいな階層構造を考えて，それで生命を理解しようと思うけれども，浅島先生の考えは，そこまで積み上げた結果，それをひっくり返してしまうような，全体が上から下へつながっているような構造があって，初めて全体が生まれてくると．

浅島 そのように考えています．

池上 それは面白い考えですね．

浅島 しかも，それが時間とともに変化する．それを調和というふうにいうか，統一性というか，そこですね．

池上 だから，普通の統計力学のようなものが成立し得ないということもありますね．

浅島 そうです．

池上 こういう下の分子のことを無視できないで，いつも影響を上に貫いてきたりするし，上の構造が下をコントロールしたりするし，そういう意味で階層が入り乱れて

いくのですね．
浅島　われわれはその階層を突き破ればいいという，最初の狙いがあったけれども，突き破ってみたところ，それはまた次の階層をつくってしまう．

2．多様性について

浅島　たとえば僕はイモリなんかを見ると，イモリのほうが人より生物的には多様性をもっていると思う．よくいわれるように，腕を切ったって生えてくるし，しかもそれはまったく元どおりの大きさと形になるわけです．模様までもそうだと．これは普通では考えられないです．

池上　それは理論ではできないですよね．

浅島　できない．それから，われわれは温度（体温）がたとえば36.5度だったとしたときに，40度出たら，みんなうなって床に寝ています．イモリは5度や10度上げたって，へっちゃらなんです．下げても．

池上　それは体内の温度を一定に強く保てるということですか．

浅島　体温変化に対応できる仕組みをもっているのです．その仕組みとは何かというのは，誰もわからないのです．彼らは5度や10度ぐらい下げたって，平気で動いています．

池上　いま言った話は，とても強い自己維持の能力と同時に，強力な適応能力をもっているということですね．

浅島　もっているということですね．ゲノムの量だけ見ても，イモリはヒトの10倍以上はもっています．遺伝子は多ければいいというものではないけど，僕が思うのは，たとえば自分のところでがんができたときに，われわれはがんを排除する仕組みをもっていない．イモリはもっているんです．つまり温度を著しく下げるのです．そうすると，血管の根元のところに血球をためて，そこに血が行かないようにするのです．根元から断ち切ってしまって，がんを壊すのです．

池上　人間には，なぜそういう立派な仕組みがないのですかね．

浅島　逆にいうと，人間はある程度温度が一定の環境でのみ生存できるのです．ですからたとえばこれから温暖化によってだんだん温度が高くなってくると，冷やすことにものすごいエネルギーを使うと思うのです．しかしエネルギーを使うと，地球上の温度がドーンとまた上がるのです．

池上　逆にフィードバックがかかってしまって……．

浅島　どんどん悪循環に陥るのです．他の生物には温度変化に対応できるものがいます．しかしわれわれは，悪化した環境に我慢できなくなって……．

池上　ほかの生物は我慢できるということですかね（笑）．

浅島　我慢できて，そして極端にいえば，凍ったり，暑くなったときにはじっとして

いるか，または自分たちで集団をつくるのです．イモリはイモリ玉というのをつくって，固まってしまうのです．それは真冬の中で，冬眠するような環境で動いているのです．そういう現象は普通では考えにくいのです．

池上 そうですね．

浅島 そういうものをもっているということが，生命なのです．今われわれが目にしている生命科学は，本当にごく一部の見えているものをやっているだけで，生物のもっている広がり，多様性，共存関係，それから他への依存性，適応性，こういうことを考えたらもう全然解けていない．

池上 それはわれわれには考えつかないような，コンテキストを自分で構成する力があるし，そのコンテキストを実験とかで僕らが用意するわけにもいかないし，どういうものが新しいコンテキストを構成していく力があるかということが，まだ全然わかっていない．ポテンシャルとしての生物の力がわからない．

浅島 そういうことですね．

池上 そっちのポテンシャルの部分を見ることによって，初めて生物とは何かということがわかってくる．

浅島 そう．いま融合科学を考えたときに，その先には新しい生物像というものを見ることによって，もっと別の生命観が出てくる．それを学ぶことが，実は人間を理解することなのです．

池上 僕の好きなグレゴリー・ベイトソンというアメリカの哲学者も，生物の特徴は二次学習だといっています．一次学習というのは，いま与えられたものについてうまくやるように学習することだけれども，二次学習というのは，そのように与えられた学習をもう一段上から見て，次はどういう学習をすればいいのかということを学習することです．そのときに今おっしゃったような例を幾つか出して，そういったポテンシャルの部分に，今は見えていないけれども，ポテンシャルとしてやり得る新しいことがあり，そこに生命の特徴があることをわからなくてはいけないのだというのを，生命と進化についてすごく展開した人なのです．

浅島 まさにそういうのもあって，本当はその上にもう１つ質の違ったものがあるはずなのです．二次とか三次という，その質の違ったものは今までの一次ではとても見えなかった．

池上 それは論理回帰の上昇というのですけども，問題はどうやってロジカルジャンプしたらいいかということですね．

浅島 それは次のわれわれとしての課題なのです．

池上 そうですね．ロジカルジャンプこそが，生命の本質を突いているだろうと思うのです．

浅島 いくら遺伝子１つの配列がわかったところでだめなので，それはある面では一

次情報なので，そうではなく，そこから今の生命科学をもう少し別の角度から見ていかないと，新しい概念は生まれない．

池上　ロジカルシャンプを僕も今まで生命の理論をつくるときのプリンシプルにしてきましたが，下手にやってしまうと，どうしても人工知能的な方向へ向かってしまう．自然知能としてコンピュータを超えていくようなことがわかるというのは，なかなか難しいんですね．

浅島　たとえば，僕は，ゲーテはすごいなと思うのです．

池上　ゲーテの生命観はすごく面白いですよね．

浅島　あの形而上学的な見方はすごいのですよ．彼はどうしてそれまでできたかというと，ものすごく観察しているのです．植物でいえば，葉脈の一本一本までどういうふうに走っているかを見たわけです．動物の哺乳類の場合，徹底的に頭骨を比較解剖するわけです．比較ということが重要であって，形の比較は機能の比較なのです．そうすると，形を見ただけで機能は推測できるのです．そういう構造と機能との問題も考えなければならないでしょうね．われわれはある面では実は退化が始まっている．退化の始まっている最たるものが日本だと思うのです．それは自然と隔離されているからだと思います．

池上　その辺は深そうな話だけれども，僕は今のゲーテの話で，ゲーテは浅島先生がいわれたように人間中心主義に戻ろうとした人で，たとえば何で色が見えるかといったときに，ニュートンは光の波長が色だといったのに対して，ゲーテはそうではなくて，どういうように色が周りにあるかとか，配置が色合いを決めているのだと．波長だけでは決まらない問題だといった．結局ゲーテが正しくて，同じような色でも，波長が同じでも，色のレイアウトによって全然イメージが変わったりするから，人間というフィルターを通して色を議論するべきで，物理的な波長には還元できない色の性質こそ，われわれが知っている色だといった．そういうのになんだか近くて，生物学もそういうような感じですよね．

浅島　そうです．

池上　だから，ゲーテ的な生物学とか，細胞生物学みたいなことがやれるのではないか．

浅島　そういうことを，やはりわれわれがやらなければならないわけです．

池上　そのためには，今だったら新しい情報理論とか，新しい数学，新しい化学の考え方が全部必要ですからね．それは，これからの22世紀という感じですが．

浅島　まさにそうなのです．融合科学創成ステーションの目指すところはそういうところであって，人間性を復権するためにはどうするかということを，われわれが提唱していかなくてはならないと思っています．

池上　同感です．

3. 進化と発生のまれさ

池上 今の大きな話に比べると小さいかもしれないですけれども，人間の歴史とか生物の歴史を見ていると，あることが本当によいタイミングで起こって，それ以外には起こらなかったんじゃないかという，すごくまれなことがありますよね．生物を化学からつくれなかったり，うまく卵から人工的に発達させられなかったりするのは，われわれが見たらわからないような自然で決まっているロジックの通し方というのがあって，われわれには100億分の1くらいの確率でないと起こせないようなまれなことを，簡単に起こしてしまう．歴史はそういうことの束みたいに見える．そういう話と関係があるかどうかわからないですが，普通は飛び越せないと思っているところを，浅島さんはアクチビンをこのくらい，3時間与えて，ちょっと休んでまた何時間とやると，飛び越せてしまう．それによって，今までの「まれさ」みたいなことが，うまく取り替えられているように見える．発生における通しにくさというか，パスの不安定さのようなことと，そのことをうまく整理できたり，コントロールしたり，理解できるということが，とにかく浅島先生の仕事を見ていて興味のあるところです．

浅島 個ができるためには部分を徹底的に解明しなければならない．たとえば心臓ができるためにどういう遺伝子がどのように働いているかとなったときに，実は心臓ができるためにはどうしても肝臓のようなものが因子として必要であって，肝臓と心臓ができるためには，また別の因子が必要になる．つまり個々のものが自立しているわけではなくて，個々のものは他のものによって生かされている．そしてそれらの階層の上に循環器系もあるし，それをさらに上に行くと神経系や血管系などのいろいろな系の上をさらに統御した個の統一性みたいなものがあるんです．そこは，今はまったくインテグレートされていないわけで，そこのところに新しい理論がどうしても必要なのです．

池上 「まれさ」というのはあるのですか？ 難しさみたいな，このパスは通しにくいけど，こっちはうまく通せるとか……．

浅島 「まれさ」は通りやすさと通りにくさでいうと，たとえば今までは阻害していたものが，あるものが一緒になることによって通るわけです．本来はお互いが拮抗しているように見えたのだけれども，一緒になると1足す1が5にも6にもなるのです．

池上 ダイナミクスの上でそういうことが起こり得ると．

浅島 そういうことです．そういうことが生物の問題であって……．一般に，たとえば肝臓と心臓というように，それぞれ区別しているけれども，胚の中で心臓原基を本来と違う場所に移動すると，周りの情報を変えてしまって，心臓周辺の臓器や構造をもつくってしまう．そう考えると，生物はお互いに制御しあってシステムをつくって

いるけれども，システムを1回壊してしまうなど，どこかを欠損したり，情報をずらしたりすると，それに応じて別の構造を新しくそこにつくってしまう．その系と全体の系が常にフィードバックしながら調和してしまう．これは生命だからです．

池上 それが，普通の機械を組み立てたりするのとは違うところだと．

浅島 全然違います．1つの体の中に心臓を2つつくろうとすると，周辺の構造ごと重複してつくってしまう．その心臓と心臓はお互いにどう関係するかというと，2つのものがきちんとお互いに連絡し合ってしまう．3つだとどうかというと，たぶん3つでもできるでしょう．本来なら心臓は1つだけれども，3つでも調和できる．それが生物だと思う．

池上 こちらが考えている秩序的な構造とは全然別個の，彼ら独自の秩序性のようなものがあって，そっちのロジックを知らないからびっくりするけれども，3つあっても，そのことは許容されてしまうということ．

浅島 そう．それが生命のキャパシティーだと．生命はそれだけ奥深いというか，逆にいうと調和能力を持っているというか，適応能力というか，どういう言葉でいうのが一番いいのかわからないけれども，生命の寛容性（トレランシー），そういうものかな．

池上 そうですね．

浅島 普通ではなかなか見えないものを生命は幾らでも見せてくれる．それだけのものをもっているのだけれども，一番重要だと思うのは，さまざまな生命がそれぞれに歩いてきた道をきちんとまずは理解することです．そこから，ヒトではできないことや，見られないものが見えてくると思う．

池上 さっき言っていたのは，生命というのは偶然性をうまく取り込んできていると．本当だったらすごく偶然でランダムなもので，だけど，なぜか結果として非常に精密で，人間がまねできないものができている．その偶然性を人間がまねしようと思っても無理ですね．個々には，われわれが見たらランダムにしか見えないようなつくり方をしているにもかかわらず，最終的に非常に精密なものができる．人間がそれをつくろうと思うと，できたほうから考えるから，どうやってもうまくいかない．このとき，下のランダムなプロセスと，でき上がるデザインとしての精密なプロセスという，相反するものがうまくつながって見えるところに不思議さがありますね．

浅島 一番形づけのところでドラスティックに動くのは，原腸胚期という陥入するときなんですよ．あのときに1万ぐらいの細胞が，われわれから見るともうガチャガチャ動いているんです．でたらめに動いているように見えるけれども，実際は本当にきれいに胚をつくるように動くんです．その動きを見ると……．

池上 それはランダムな運動ではないのですか．

浅島 ランダムなのか，ランダムじゃないのかわからない．とにかくランダムに見え

るわけ．外から見ればわかりませんよ．外から見れば，ただ丸いだけだけれども，中では細胞がめちゃくちゃに動いている．それが「1，2，の3」でみんなで動いているわけ．みんなででたらめに動いているように見えるけれども，本当はものすごく調和がとれている．こういう運動ですよ．ただ，われわれが今見ているのは個々の細胞で，全体を見ていない．全体はあまりにも複雑だから．それを理解しないと，生物は見えないのではないかなと思う．

4．人間性の復権

浅島 融合科学をやる上では，人間性の復権をきちんと頭に置きながら，生物学をもう一度とらえなおさないといけない．

池上 それは，本当にゲーテ的な生物学の復権みたいに思っていっていると．

浅島 本当にそうなんだよ（笑）．

池上 それは面白いですね．個々のイモリとか，そういうものから人間原理みたいなものを見つけることができるということは，チャレンジングで面白いですね．

浅島 うん．それはそうだと思うのですよ．

池上 この間，人類学教室でセミナーをしてきたのですけれども，彼らは「人間は特別なのだ」的な意識がすごく強くて……．

浅島 人間は特別じゃない．弱いものだって．

池上 それはメッセージとしてはすごく面白いですよね．人間が弱いということを，どういう形でメッセージをつくっていったらいいですかね．

浅島 たとえば，手足を切ったって生えないんだし……．

池上 そういうことでは，まさにそうですね．

浅島 温度を下げたら下げたで，もうだめなんだから．

池上 それは何でですかね．普通に進化を考えたら，いろんな状況にどんどん適応できるようになってきてもいいような感じなのに，逆に人間は確かに弱くなっている．

浅島 それは人間が捨ててきたのですよ．こういうのを見たことがないでしょう．ちょっと面白い実験の映像があるのでお見せしましょう．これは試験管の中で細胞が動いていって，筋肉をつくるときにアクチビン処理するのです．そうすると筋肉ができるのですが，そのとき細胞がこうしてひとりで動いていく．そして筋肉で発現する遺伝子を発現していく．まるで別の生き物みたいに動くわけです．

池上 これはどの部分ですか．

浅島 これは未分化細胞から筋肉が分化していくときの部分であって……，これは原腸形成のときの細胞の動きですよ．これだけみんな動いているのです．

池上 これで時間はどのくらいですか．

浅島 3時間．この辺の細胞もみんな動いているのですよ．ここが脳になるところ．

ここは後で腸になるところ．黄色いところは後で脊索になるけれども，赤いところは神経になる．

池上　面白い．

浅島　外から見ると丸いじゃない．丸いけれども中は１個１個細胞が動いている．行ったり来たりするんですよ，これ．

池上　どのくらいの数ですか．

浅島　１万個．これは，ただ断面を切っているだけだからね．

池上　１万個ですか．

浅島　１万個の細胞が統一性をもって動いている．

池上　このエネルギーはどこから来るのですか．

浅島　一応，卵の中にある卵黄を含めて，細胞自身とその環境要因が原動力になっている．

池上　それを使って動いているのですか．

浅島　そう．そういうものを見ると，生物というのはものすごい力というか，……まだまだ未知の部分があるのです．

池上　これは，どのくらい安定なものですか．ちょっとつっついたり，かきまぜたりしたら壊れてしまうのですか．

浅島　壊れない．

池上　そこは安定なのですか．

浅島　安定．不安定に見えるけど安定なんです．

池上　そうなのですか．

浅島　うん．こんなに細胞が動いてくる部分じゃない．一番不安定だよね．だけど，そういうときほど安定なんですよ．

池上　なるほどね．それはもう……．

浅島　これは，どうしても生物が通らなければならない問題なんです．不安定なときにだめになってしまったら，生物として終わりになってしまう．不安定なときこそ，安定化するシステムをもっている．それが生物なんですよ．

池上　それは理論的にはチャレンジングな問題ですね（笑）．

浅島　他にも生物の１つの特徴として細胞がどんどん分かれていくじゃない．こういうところに未分化細胞を必ず残しているんですよ．人の場合は幹細胞みたいなものだけど．

池上　分化しないようなものを残すような構造をもっている．

浅島　そう，一方ではものすごく分化しながら，一方では多能性をもつような未分化細胞を残している．

池上　この未分化と分化するところの境界は，どうやってつくられているのですか．

浅島　一般的には，細胞の分裂や細胞の分化と関係することだけれども，まだよくわかっていないのです．器官形成や組織形成の中でも，程度こそあれ，未分化細胞を残す仕組みがある．われわれの脳細胞にもこういう未分化細胞が残っている．

池上　さっきのニューロンも．

浅島　筋肉にも残っている．ということは，生物がどれだけ未分化細胞を残せるかということが，その個体の1つのポテンシャルになる．

池上　それは先ほどのポテンシャルの話とつながっていますね．

浅島　そうです．

池上　まだ見ないコンテキストに対応すべく準備している．

浅島　そういうこと．

池上　それは面白いな．

浅島　初期であれば初期であるほど，こういうものをもっている．

池上　原始的だといわれる生物ほどポテンシャリティが大きいということ．

浅島　そういうことです．生物学的に見たら，そのほうが強いです．

池上　先ほどの話で人間が弱くて，強いとか弱いというのはその辺に求めることができる．

浅島　そう．

池上　そういう観点から進化を見直したらどうなるんですかね．未分化細胞をもっているか，とか，生命の強さというのがどう変化しているかとか，そういうところに視点をおくと全然違う哲学ができそうな気がしますね．

浅島　生物学的にいえば，そうだろうね．

池上　進化というのは，そういうのを減らす方向に向かっているのかな．

浅島　進化するということは，そういうことを減らすこと．もう1つは，これはまだ僕自身，考えているところですが，現在のゲノム科学や，DNAを超えた生物学というのが必要であると思うのです，たとえば消化管にしても体腔にしてもこれもそうだけれども，みんな腔（穴）をつくっているじゃないですか．最初に胞胚腔という腔をつくっておいて，また原腸形成のときに別の腔をつくる．その後も神経管という腔をつくる．腸管という腔をつくる．穴をどんどん分けていく．これが進化．つまり腔をどれだけたくさんもてるかということが，進化なのではないかと（笑）．

池上　何かおかしいですね．そうか，いかに自分の体の中の管みたいなものを区切ってつくっていくかということで，生物を見ることができる．

浅島　そう．

池上　それは本当に形づくりから見た進化という感じですね．みんなこっちのほうばかり注目して，どういうふうに腔ができるかというのはあまりいわないですか．腔（穴）の生物学ね．

浅島　僕はそういうのを時々授業で，新しい生物の見方として"腔（cavity）の生物学"といっているのです．それも重要であると．
池上　それはそうかもしれないですね．
浅島　形と穴の生物学．
池上　数学はゼロを発見したときに偉大だったように，あるいは計算できない数をチューリンが考えたように，周りがあるからこそ生まれてしまう穴という，面白い見方ですね．
浅島　本当にそうなんだよ．
池上　人間は見えているものを中心に理論とかをつくり出したけれども，逆に今日の話ではポテンシャルとか，分化してないものとか，穴とか，つまりまだラベルが張られてなくて，だけど何かに使えそうなためにとっておくもの，そういうことを中心に見ていくと，生物とか進化の新しい見方ができそうだということですね．
浅島　そうですね．
池上　人間性とか，人間中心というのはそういうことですね．
浅島　僕はもう少ししたら，そういう新しい生物学というのを考えてみたいですね．
池上　確かに遺伝子だけを見ないで，穴とかに注目して見るということは，ゲーテが考えた自然の象徴みたいなことにすごく……．
浅島　ゲーテというのは，やはりすごいよ．詩人というのはすごいと僕は思った．科学者というのは芸術家のセンスがないとだめだね．美を見る心をもたないとだめだね．美しさがわからないと，物は見えない．
池上　今日はどうもありがとうございました．
浅島　いや，どうも．やはり，面白い生物学をやらないとね．
池上　そうですよね．科学は面白くないとね．
浅島　そう，われわれにはそういうことのできる場があり，いろんなことができるのだからね．
池上　駒場は，特にそういうことがやれる．
浅島　そういうことをやるところが駒場だと思っているのです．
池上　今日はいろいろ得してしまいました（笑）．

索　引

あ行

アインシュタイン（Einstein）　112
アクチビン　68, 128, 133
アクティブ　154-158
アズキゾウムシ　84
アッセイ　39
アニマルキャップ　67
アニマルキャップ・アッセイ　68
アブラムシ　87, 88
アポリポタンパク質E　122
アミロイド前駆体タンパク質(APP)　122
アミロイドβタンパク質（Aβ）　122
RNaseh活性　24
アルツハイマー病　119-125, 132
RTRACS　27
αセクレターゼ　123

ER exit sites　44
ES細胞　67
一塩基多型　28
一次共生細菌　88
遺伝型　52
遺伝子　97, 106, 112
遺伝子型　106
遺伝子水平移動　86
遺伝子の発現　28
遺伝的アルゴリズム　155
遺伝的同化　112
遺伝率　114

Whislash PCR（WPCR）　22
ウイルス　24

ADAM　123

エージェント　153, 154, 157
エストラジオール　132
X染色体　85, 86
エピジェネティック・インフォメーション　49
fMRI　138-142, 146
mRNA　27, 99, 103
塩基配列　23

オーガナイザー　72
オートファゴソーム　90, 93
オートファジー　89
オルガネラ　37, 38
オルガネラ遺伝　38
オルガネラ分配　38
オンチップ1細胞内状態解析　57
オンチップ1細胞培養　58
オンチップ1細胞培養技術　52
オンチップ1細胞発現解析技術　52
オンチップ細胞培養　56
オンチップ・セミクロス計測　48, 49
オンチップ・セルソーター　56

か行

海馬　129, 133
改変キャナリゼーション・モデル　77
学習　128, 132, 134, 165
確率過程　99
可視化技術　35
家族性アルツハイマー病　122
可塑性　10, 96, 98-100, 114
環境ホルモン　134
関係性の逆転　88
還元的アプローチ　50
幹細胞　66

索　引

γセクレターゼ　*124*

記憶　*128, 134, 138*
器官　*64*
器官形成　*63, 64*
器官誘導系　*66*
記号　*149*
寄生　*81, 87, 89, 93, 94*
キナーゼ　*42*
機能分析　*35*
キャナリゼーション・モデル　*75*
QT延長　*69*
共焦点レーザー顕微鏡　*41*
共生　*82*
共生系　*163*
共生者　*82, 94*
局所安定性解析　*92*
菌細胞　*88*

空間的観点　*52*

蛍光タンパク　*98, 99, 105*
蛍光プローブ　*15*
計算能力　*22*
形成体　*72*
形態変化　*38*
経頭蓋的磁気刺激法　*140*
ゲーテ　*190*
原核生物　*86*
言語　*157*
原口背唇部　*73*
言語地図　*136*
言語脳科学　*136, 137*
言語の脳理論　*173*
言語野　*136*

工場　*29*
恒常性　*10*
構成的（再構成的）アプローチ　*49-51*
後天的獲得情報　*49*
コミュニティ・エフェクト　*51*
ゴルジ体　*42*
コンピュータ　*21, 24, 27*

さ行

再帰性　*10*
再構成　*36, 38*
再生医療　*66*
細胞　*35, 49*
細胞質不飽和合成　*84*
細胞周期　*38*
細胞内　*27*
細胞内共生　*81, 168*
細胞分裂期　*41*

GFP（green fluorescence protein）　*35*
時間の観点　*52*
時間的・空間的配置　*50*
試験管　*35*
自己集合化　*10*
自己生産　*9*
自己複製　*22*
自然言語　*136*
自然知能　*190*
実験発生学　*64*
失文法　*137*
cdc2キナーゼ　*42*
シトクロムP450　*131*
シナプス　*132*
ジャイアントベシクル　*11, 16*
集団効果　*50, 51*
柔軟性　*97*
宿主細胞　*89*
寿命　*120*
循環流　*92*
ジョイント・アテンション　*158*
小胞体　*38*
小胞輸送　*45*
初期過程　*141*
女性ホルモン　*129, 130, 134*
女性ホルモン受容体　*133*
進化　*81, 96, 106, 163, 196*
真核細胞　*81*
真核生物　*86*
進化しやすさ　*101*
進化速度　*108*

索引

心筋細胞　58
神経可塑性　133
神経原線維変化　121
神経伝達　132
神経内分泌　129
人工細胞　9, 11, 14, 19
人工組織　16
人工知能　190
親水部　11
身体化　149
身体性　150, 154
シンボル　150, 154, 155, 158, 159
シンボルグラウンディング　149-151, 157, 159

水路づけモデル　75
数理モデル　75
ステロイド　129
スパイン　130, 133

生殖　129
生体外　66
生体分子　35
性ホルモン　128, 129
生命システム　97
生命の生成　183
背腹軸　75
セミインタクト細胞　36, 38
セミインタクト細胞アッセイ　39, 45
セラチア　87, 88
前駆物質　90
前後軸　75
セントラルドグマ　10, 50

臓器モデル　58
走査トンネル顕微鏡　31
双生児　142
相利共生　81, 87, 89, 93, 94
組織　64
疎水部　11

た行

代謝回路　92
対数正規分布　104, 105, 108

大腸菌　97, 108
ダイナミカルカテゴリー　141
第二言語習得　141, 143, 179
ダーウィン（Darwin）　112, 114
ダウン症　121
多重感染　84
多能性幹細胞　66
多様性　193
男性ホルモン　130

知覚　150, 152, 156
中枢　140
中胚葉誘導　68
チューリングマシン　27
長期増強　132
長期抑圧　132
重複ポテンシャル理論　75
チョムスキーの文法理論　173

tRNA　32
DNA　22
DNAアプタマー　56
DNA合成酵素　15
DNAコンピュータ　21
DNAコンピューティング　16
DNAタイル　31
DNA複製系　14
DNAポリメラーゼ　24
DNAマイクロアレイ　98
定常成長状態　101
定着過程　143
適応性　170
電気生理　133

動的情報の伝承　50
突然変異率　14
トバモウイルス　126

な行

内部細胞塊　67
ナノ化学工場　33
ナノスケール　29

二次共生細菌　88

205

索　引

日本手話　*141*
ニューラルネット　*153*
人間科学　*136*
認知　*150*
認知症　*121*

熱力学　*100*

脳　*128, 129*
脳科学　*136, 137, 173*
濃度依存的　*68*
ノード　*73*

は行

ハイスループットスクリーニング　*46*
胚性幹細胞　*67*
胚盤葉上層　*67*
拍動同期化ダイナミックス　*58*
拍動動機の安定性　*59*
拍動揺らぎ　*60*
パッシブ　*154, 157*
発生　*190, 196*
反応ネットワーク　*101, 109*

ピーマン葉　*126*
表現型　*52, 97, 106-112*

FISH法　*86*
複製　*24, 102*
物質循環　*90*
ブフネラ　*87, 88*
普遍統計則　*101*
普遍文法　*137*
ブラウン運動　*112*
プレセニリン1　*122*
プレセニリン2　*122*
ブローカ野　*137-141, 144, 146*
フローサイトメトリー　*99, 105*
分解者　*90*
分子エレクトロニクス回路　*29*
分子プログラム　*27*
文章理解　*140*
分析的アプローチ　*50*

文法　*136-139, 175*
文法中枢　*137, 139-141, 143, 146*

ヘアピンDNA　*22*
ベシクル　*11*
βセクレターゼ　*124*
変異　*110*

ボディパターン形成　*75*
ボルバキア　*84*

ま行

マイクロアレイ　*99, 103*
マーカー　*51*
膜ドメイン　*44*
膜融合活性化複合体　*42*

未分化細胞　*17, 66*

や・ら・わ行

誘導　*64*
誘導能　*68*
揺らぎ　*96, 98, 100, 105-111, 113*
揺動応答関係　*107, 108, 112*
予定背側内胚葉　*73*

ラフト　*124*

力学系　*99*
リポソーム　*28*
両親媒性分子　*11*
リン酸化　*42*

レチノイン酸　*69*
レトロウイルス　*24*
連立常微分方程式　*90, 91*

老人斑　*121*
論理変数　*23*

ワクチン　*125*

生命システムをどう理解するか ――細胞から脳機能・進化にせまる融合科学

How do we understand the biological system?
――Integrated science from the cell to the brain and evolution

編　者

浅島　誠（あさしま　まこと）
１９７２年　東京大学大学院理学系研究科 動物学専攻 博士課程修了
現　　在　東京大学大学院総合文化研究科 広域科学専攻 生命環境科学系 教授を経て，2007年4月より東京大学 副学長・理事，日本学術会議副会長
専　　攻　動物発生生物学
主要著書　「発生のしくみがみえてきた」（岩波書店），「分子発生生物学」（裳華房），「ボディープランと器官形成」（東京化学同人），「生命工学――新しい生命へのアプローチ」（編集，共立出版）

NDC 464, 463, 460　　　　　　　　　　　　　　　　　　検印廃止　Ⓒ2007

2007年5月15日　初版1刷発行
2009年1月15日　初版2刷発行

編　者　浅島　誠
発行者　南條光章
発行所　共立出版株式会社　［URL］ http://www.kyoritsu-pub.co.jp/
　　　　〒112-8700　東京都文京区小日向 4-6-19　電話　03-3947-2511（代表）
　　　　FAX　03-3947-2539（販売）　　　　　　FAX　03-3944-8182（編集）
　　　　振替口座　00110-2-57035
印刷・製本　藤原印刷　　　　　　　　　　　　　　　　　　　Printed in Japan

ISBN 978-4-320-05648-0　　　　　　　　　　　　　　　社団法人
　　　　　　　　　　　　　　　　　　　　　　　　　　自然科学書協会
　　　　　　　　　　　　　　　　　　　　　　　　　　　　会員

JCLS　＜㈱日本著作出版権管理システム委託出版物＞
本書の無断複写は著作権法上での例外を除き禁じられています．複写される場合は，そのつど事前に㈱日本著作出版権管理システム（電話03-3817-5670, FAX 03-3815-8199）の許諾を得てください．

―生命(いのち)の謎に迫る物理学―

シリーズ ニューバイオフィジックス

日本生物物理学会／シリーズ・ニューバイオフィジックス刊行委員会 編

第Ⅰ期：全11巻／第Ⅱ期：全10巻

第Ⅰ期
【各巻】A5判・182〜280頁・上製・2色刷
★全巻完結

① タンパク質のかたちと物性
担当編集委員：中村春木・有坂文雄　生命現象を規定するタンパク質のかたちと物性／タンパク質のかたちの多様性と類似性／他………… 定価3990円(税込)

② 遺伝子の構造生物学
担当編集委員：嶋本伸雄・郷 通子　構造から機能へ／遺伝子のふるまい／遺伝子発現のダイナミズム／核酸とタンパク質の相互作用／他………… 定価3780円(税込)

③ 構造生物学とその解析法
担当編集委員：京極好正・月原冨武　構造生物学とその解析法／X線結晶解析法／電子顕微鏡法／中性子溶液散乱法／他………… 定価3570円(税込)

④ 生体分子モーターの仕組み
担当編集委員：石渡信一　分子モーター研究の新展開／多様な生体機能を担う分子モーター／分子モーターの構造を解く／他………… 定価3780円(税込)

⑤ イオンチャネル　電気信号をつくる分子
担当編集委員：曽我部正博　イオンチャネルとは／イオンチャネルの研究法／イオンチャネルの生物物理学／イオンチャネルの生理学／他………… 定価3990円(税込)

⑥ 生物のスーパーセンサー
担当編集委員：津田基之　生物のスーパーセンサーの新展開／感覚のセンサー／体の中のセンサー／生物の多様なセンサー／他………… 定価3570円(税込)

⑦ バイオイメージング
担当編集委員：曽我部正博・臼倉治郎　バイオイメージングの基礎／光学顕微鏡／電子顕微鏡／変わり種顕微鏡／脳とシステムを見る／他………… 定価4620円(税込)

⑧ 脳・神経システムの数理モデル　視覚系を中心に
担当編集委員：臼井支朗　数理モデルにより脳・神経系を理解する／細胞電気信号の発生機構／シナプス伝達／細胞膜のイオン電流モデル／他………… 定価3570円(税込)

⑨ 脳と心のバイオフィジックス
担当編集委員：松本修文　脳と心の解明を目指して／脳と心の哲学論争と現代脳科学／心の進化／心の物理像／心をもつ機械／他………… 定価3990円(税込)

⑩ 数理生態学
担当編集委員：巖佐 庸　数理生態学への招待／ダイナミックスと共存／進化／適応戦略とゲーム／エコシステム学／他………… 定価3570円(税込)

⑪ ヒューマンゲノム計画
担当編集委員：金久 實　ヒューマンゲノム計画とニューバイオフィジックス／ゲノム解析による疾病遺伝子の探索／他………… 定価3570円(税込)

第Ⅱ期
【各巻】A5判・188〜248頁・上製・2色刷
★全巻完結

① 電子と生命　新しいバイオエナジェティックスの展開
担当編集委員：垣谷俊昭・三室 守　電子と生命／光エネルギーをとらえ反応の場所に運ぶ／電子の方向性のある移動／他………… 定価3780円(税込)

② 水と生命　熱力学から生理学へ
担当編集委員：永山國昭　水から始まる生理機能の熱力学／水和エネルギー／生体分子と溶媒和／閑話休題「おいしい水、おいしい酒」／水と生理／他………… 定価3780円(税込)

③ ポンプとトランスポーター
担当編集委員：平田 肇・茂木立志　イオンポンプとトランスポーター(エネルギー変換の舞台)／イオンポンプ／トランスポーター／他………… 定価3990円(税込)

④ 生体膜のダイナミクス
担当編集委員：八田一郎・村田昌之　生体膜のヘテロ構造と膜中および膜上における動的相互作用／脂質膜の物性／他………… 定価3990円(税込)

⑤ 細胞のかたちと運動
担当編集委員：宝谷紘一・神谷 律　細胞のかたちと動きを司る線維・細胞骨格／細胞を構築する基本素子のふるまい／他………… 定価3780円(税込)

⑥ 生物の形づくりの数理と物理
担当編集委員：本多久夫　袋で行われる自己構築／自己構築の基盤／袋の表面で起こること／袋に包まれたもの／袋を越えて………… 定価3990円(税込)

⑦ 複雑系のバイオフィジックス
担当編集委員：金子邦彦　複雑系としての生命システムの論理を求めて／発生過程のミクロマクロ関係性／細胞分化の動的物理／他………… 定価3990円(税込)

⑧ 生命の起源と進化の物理学
担当編集委員：伏見 譲　生態高分子の「進化能」の物理／分子機能の起源／情報の物理的起源／分子機能・情報の効率的な獲得／他………… 定価3990円(税込)

⑨ 生体ナノマシンの分子設計
担当編集委員：城所俊一　生体ナノマシンとは何か／生体ナノマシン分子設計の戦略／生体ナノマシン設計の最前線………… 定価3990円(税込)

⑩ 生物物理学とはなにか　未解決問題への挑戦
担当編集委員：曽我部正博・郷 信広　序章／生物物理がめざすもの／生物物理学を支えるもの／生物物理学と私／他………… 定価3990円(税込)

共立出版
http://www.kyoritsu-pub.co.jp/